云，千变万化

云，聚散无时

云，自由恣意

女人，都是一朵云

——作者

新商务系列之
【江湖论剑①】

姜奇平　胡泳　著

没有两片雲是一样的

商务印书馆
创于1897　The Commercial Press

2011年·北京

图书在版编目(CIP)数据

没有两片云是一样的/姜奇平，胡泳著.——北京：商务印书馆，2011

（江湖论剑）

ISBN 978-7-100-07561-9

Ⅰ.①没… Ⅱ.①姜…②胡… Ⅲ.①计算机网络 Ⅳ.①TP393

中国版本图书馆CIP数据核字（2010）第240486号

所有权利保留。
未经许可，不得以任何方式使用。

没有两片云是一样的

姜奇平　胡泳　著

商务印书馆出版
（北京王府井大街36号　邮政编码100710）
商务印书馆发行
北京瑞古冠中印刷厂印刷
ISBN 978-7-100-07561-9

2011年1月第1版　开本787×1092　1/16
2011年1月北京第1次印刷　印张12¾　插页1
定价：39.00元

代序1

没有两片云是一样的

胡 泳

云是个很浪漫的词语。不大容易从技术、互联网、IT里想到云。不管当初怎么发明云计算这个词的,它至少给这个技术,给现在赖以生存的互联网技术赋予了一种浪漫的想象,使这个技术更有人情味。

云对我们每个人都是很亲切的。很多人喜欢仰望蓝天白云。过去成语里讲白云苍狗,云是时刻变幻的。而且云是长生不老的,这就是为什么在大家的想象当中仙人是乘着云飞来飞去的。

云计算首先是技术的巨大升级,这使得每个人都拥有处理海量信息的能力。云会替你搞定很多你自己费很大劲才能搞定的东西。你忽然拥有了很超级的能力,这变化是技术带给你的。

云也提醒我们说这个技术是人性技术。这种技术让我们能把看上去很枯燥的东西想象为很湿润的东西,具有多变性而不是具有边界封锁性,可以招之即来、挥之即去,就是它为你服务,而不是你被牵着鼻子走的东西。云计算的说法预示着未来技术和人性的伟大结合。对于个人来讲,与云计算时代相应的是,要发展出怎么全面看待这个世界的能力。不能局限于一时一地,要想到你时时刻刻与他人处在联系之中。要有一直看到云端的视野和能力。

同时,由于没有两片云是相同的,你和别人有很多很多的不同,你可能需要考虑怎么能够把你自己的不同在云时代发挥到极致。云时代给小人物以机会,哪怕没有给你明显的机会,它也给你希望。

代序2

龙与云

姜奇平

云计算这个想法，多年前就有了，它其实就是SUN倡导的"网络即计算机"。只不过现在一些大公司要树起自己的旗帜，所以另起名字叫云计算。

云计算的实质，我认为是"和而不同"。"和"就是强调资源共享，但在这个过程中又是分布式计算，所以又有"不同"。不追究技术细节的话，概括而言云计算就是一种"和而不同"的技术。它必然推动未来社会向什么方向发展呢？那就是我们既可以共同分享资源，又能彰显各自的个性。

今天我们谈云计算着重的不是技术特征，主要是它对于我们的工作、生活、未来会产生一些什么影响，这跟我们大家有关系。其中关系最大的是什么主题呢？大家一听云计算觉得很可怕，好像是很高妙的一个词，是最高级的IT公司在宣传的概念。我觉得技术本身最终是为人服务的，真正应关注的是，新技术出现之后会对人产生什么影响，人应该怎么发挥主人的作用，从而不是被技术牵着鼻子走，而是顺应技术潮流更好地生活。这是我们要讨论的主题。

中国古代有个故事叫做"屠龙之术"。有一个师傅技艺非常高超，有一套技术和套路征服龙。但是他一辈子也没见过龙，他的徒弟学完以后终其一生也不知道龙在什么地方，最后这个技术白费了。我觉得这非常可能是将来接触云计算面对的问题。云计算是一套技术，它解决什么问题呢？在屠龙之术中虽然师徒掌握了技术但找不到龙。龙在哪儿呢？龙就是云，按照中国上古经典说法"龙以云计"，龙就是云的图腾化。

实际上龙就是云，换句话说屠龙之术要针对的目标，其实是云。屠龙之术要有针对性，首先要知道龙是指云。当我们有了云计算以后，可以追求到什么东西呢？可以使自己成为一片云，成为一片云可以适应非常广泛的变化，可以到各个地方吸收水气，共享资源，同时它可以变化为各种形状，使自己的个性得到发挥。同时，云还是湿的，富有人情味，使人性得到更大的发挥。了解了这些，我们谈云计算所谓的屠龙之术就能更加有的放矢，而不是为技术而技术，为了术而忘记要屠的龙在哪里。

目录

没有两片云是一样的 ——代序1　胡泳 ……1
龙与云 ——代序2　姜奇平……2

云之象

云的虚拟性 ……15
虚拟与现实的界限已经模糊不清 ……17
似是而非的虚拟现实 ……17
谁谋杀了我的注意力？——永远在线会导致什么？……18
虚拟是否比真实更加真实？……19
第三空间 ……20
意义的追问 —— 虚拟空间里永恒的天才少年 ……21
在云中永生 ……22
云 vs 哲学上的不朽 ……22
比特之城 —— 灵魂的乐土 ……23
每个灵魂都有自己安放的位置 ……24
长生的烦恼 ……24
现实有缺陷，到游戏里寻求完美 ……25
书与游戏的迷思 ……25
宁要模拟，不要真实 ……26
当游戏复杂到令人叹为观止，它已与道德评价无关 ……26
变形不一定是假的，所见不一定是真的 ……27
虚拟空间之模拟现实与超越现实 ……29
专家集体催眠 vs 网民群体智慧 ……30

更多的信息，更少的…………33
信息的迷魂阵 ……35
比真与假更加扑朔迷离的是好和坏 ……35

从罗生门中获得支持决策与行动所需的真实信息 ……36
信息、知识与智慧的排列组合 ——古代圣贤的启示 ……36
信息—知识—智慧 vs 知—学—思 ……37
当信息多了以后，你更加关注有意义的问题还是无意义的问题? ……37
真假莫辨时代的普世价值 ……38
当信息多得让人无感了 ……39
当信息无所不在，我们有没有选择自由的自由? ……40
当石头都能跟我说Hello，这是不是一个我想要的世界? ……41
把握关键，还是陷入细节? ……41
人生而追求意义 ……41
大隐隐于云：在混乱的世界寻找意义 ……42
意义迷失的真相1：诱惑越来越多，人的自制力越来越差 ……43
渐顿之争 ……44
不能用所谓顿悟来逃避痛苦之思 ……44
以外在的技术之云追求内在的精神意义 ……45
只要30分钟有15人支持，你就成为临时的意见领袖 ……45
控制意义与维护普世价值 ……46
公共空间与个人空间 ……46
如何判断普世性? ……47
云计算对社会结构的影响 ……47
国家、企业、个人的云，哪个是主导? ……48
商业的云 ……48
云计算会对国家造成挑战吗? ……49

云会集中还是分散？……51

云与钟 ……53
集中可能带来个人权力的丧失 ……54
个人信息的泄露 ……54
完全记录的时代 ……55
"隐私已死，隐私万岁！" ……55
根据联系频率自动生成好友，而且不经我同意让所有人都知道 ……55
什么时候网络能像贴身管家? ……56
从语义互联网到语用互联网 ……57
云计算，集中乎？分散乎？……57
云＋端 ……58

每个人都可能拥有瞬间的最大影响力 ……58
重新定义的"大我"……59
可持续的分散 ……60
自组织、自协调是云时代的特点 ……60
从大国对峙到无数小地方的热战 ……61
既有团结型资本又有桥接型资本的社会才是健康的 ……62
社会资本就是关系 + 信任，或者节点 + 连接 ……63
基于云计算的社会资本的主义 ……65
发育中的商业自组织 ……65
使社会拥有权力 ……66
中产阶级在草根和政府之间起缓冲和润滑的作用 ……66
橄榄形与倒丁字形 ……67
让社会体制也发育起来 ……68
如果多一些企业变成社会型企业 ……68
企业的社会目标与经营目标 ……69

信息更多能提高生活质量吗？……71

人必须付出多大代价才能做自己？……73
决策之难，靠什么穿越云雾？——拿破仑的启示 ……73
呼唤信息增值服务帮人们化繁为简 ……75
生活方式设计师 ……76
我的内在谁设计？……76
连贯的自我还是混乱的自我？……77
何谓网络精英？——在不同的自我之中能够自如运转，还能保持自己的一致性 ……78
人的全面发展 ……78
技术并不真能帮你活出自我，充其量只是外在的自我 ……79
无法驾驭信息的人活不快乐 ……79
认同感与快乐 ……79
在复杂条件下获得的快乐总量高于在简单条件下所获得的 ……80
给人贴标签总是配合着阴谋论 ……80

云计算之信息共享 ……83

云计算可以带来新的神圣 ……85
让人找信息，而不是信息找人 ……85
获取信息用推的方式可能更趋于一致，用拉的方式可能更趋于独特 ……85

在云时代，臭皮匠也许胜过诸葛亮 ……86
随机致富，云时代小人物都有机会 ……88
总结别人的成功只不过是后见之明 ……88
共享的方式与非共享的方式，哪个更能促进生产力？云计算的共享做出了回答 ……89
云计算破解了公平与效率的悖论 ……90
云计算与高科技礼品 ……90
云计算给你提供摇钱树的土壤，让你在上面种树 ……91
非经济的动机使可持续的分销模式成为可能 ……92
互联网是爱的大本营 ……92
天下真有免费的午餐——当人们不再为报酬工作，而是为创造和分享而工作 ……92
云计算可能把用非经济手段创造的价值纳入整个经济体系 ……93
爱本身具有经济价值，而且这种价值在云时代可以实现，在前云时代无法实现 ……94
未把非工作时间产生的快乐纳入经济学的考量范畴，这是经济学应该改正的 ……95

云之用

在云中工作 ……99

云计算支持在家办公 ……101
有了云计算，轻松个人创业 ……102
我们住在地球村里而不是地球城里，不过村里每个人都有一部联网的计算机 ……102
人的天性适合SOHO的工作方式 ……103
工业化彻底改变了人性 ……104
云计算至少给后工业时代的生活方式扫除了技术障碍 ……104
云雾缭绕遮不住现实的残酷 ……105
未来的组织是什么样的？——组织的内外边界将会消失 ……105
云时代质疑企业存在的理由 ……106
以小胜大，以短暂胜长久 ……106
有组织行为而无组织实体，呈现为自组织、自协调 ……107
组织与非组织的融合度会大大提高 ……107
项目型组织挑战百年老店 ……108
百年老店存在的理由 ……109
为小众而存在 ……109
有哪些人更适合网络吗？ ……110
无孔不入的工业化 ……111
触目惊心的创造力 ……111

工业化还能走多远？……111
中国制造的衰落 ……112
未来人们的职业会多样化吗？……113
未来人才市场应该越来越像股票交易所 ……114
创意人才面对大企业的尴尬 ……115
靠个人博客找到好工作 ……115
用老板的名字在搜索引擎上打广告 ……115
多面手还是专精人才的天下？……116
更多的隐私，还是更多的个性化增值服务？……117

云与个人空间 ……119
窄告时代 ……121
窄告具有营销广告的特征 ……121
让厂商心甘情愿支付广告费的妙招 ……122
如何调动中小企业打营销广告？……122
从广播模式，到窄播模式，到一对一模式，还有漫长的路 ……123
呼唤以消费者为中心的"拉"模式的广告 ……124
开动意念搜索引擎，随心所欲找到我要的书 ……125
提供个性化服务与保护隐私权之间的界限在哪里？……126
个人自由与个人安全之间的平衡 ……127
每个人都有可能成为15分钟名人 ……128
隐私权与知情权的分野关键在于个人的意愿 ……128
当越来越多的人只观看不阅读 ……129
书的话语权设置与云计算时代30秒140字的主题模式 ……129
广义出版包括个人表达 ……130
博客是典型的个人出版 ……130
过剩的内容争夺稀缺的注意力 ……131
争夺注意力的螺旋定律 ……131
"俗"和"酷"是当下的一对矛盾，而非"俗"和"雅"……132
惊奇性的稀缺 ……132

在商业中迷失 ……135
信息过度集中使老板陷入细节，而忽略了重点 ……137
或是创建一个决策支持系统，或是按重要程度过滤信息 ……137
解决信息过多与决策质量下降的矛盾：化繁为简，以简驭繁 ……138
决策前移与集中决策 ……138

决策前移与倒三角的两大难题 —— 海尔的实例 ……139
倒逼体系能否成功？……140
重新审视客户的决定性价值 ……141
参谋长制 —— 阿里巴巴的实例 ……141
贴近市场与前瞻未来 ……142

云之义

精英与草根 ……145
草根与精英的界限会变得难以分辨 ……147
亲手做的比买来的好 ……147
草根也可以大胜精英 ……147
艺术从云端走向日常生活 ……148
精英和艺术家沦为草根的娱乐背景？……150
精英的挽歌 ……151
世俗化的胜利 ……152
追求永恒，还是活在当下？……152
此时此刻的体验是独一无二的 ……153
体验比有形的物体更珍贵 ……155

云与人性 ……157
云是湿的 ……159
经济学是干燥的科学 ……159
工业化的起始及管理学的起始排除一切心性的东西 ……160
心是人体上唯一一个自己无法控制的东西 ……160
凭感情来定价 ……160
湿营销就是满足异质性的需求 ……161
如何解释为了酷，为了高峰体验可以不计代价？……161
当社会的人际成本太高，互联网就是中国社会的加湿器 ……162
艺术在干的状态下难以繁荣 ……162
园丁心态 ……163
缺乏社会资本的恶果 ……164
野百合也有春天 ……164
云计算的精髓是找到人与人之间的联系 ……165
从人与机器，到人与人，乃至人与自然 ……166

天人合一 ……166

意义的丧失 ……169
噪音变为信号会否导致被信息蒙蔽？……171
我们欢迎众声喧哗，但幂律仍然存在 ……171
面对网络上的拳打脚踢，精英要有信心并且要有思想准备 ……172
信息增多并不能改变信息不对称的问题 ……173
专业人士可以呈现看似透明，实则不透明的信息 ——美国金融危机的例子 ……173
网络世界里无密可保 ……175
市场就是一种谈话 ……175
不寻求与员工和企业对话的公司是低智商和低网商的公司 ……176
直接经济是否可能？……176
云时代请说人话 ……177
云时代的企业必须是负责任的企业 ……178
互联网是社会性的上帝吗？……179
会否出现多元正义，即普遍价值基础上的求同存异？……180
信息同时住在信息的绿草坪和垃圾场 ……180
相信网民的判断力 ……182
网络的竞争机制带来自我清洁机制 ……183
云计算 vs 人与自然的协调 ……184
意念控制电脑·从硅计算到碳计算 ……184
把硅植入碳 vs 把碳植入硅 ……185
电子人会不会是猿猴3.0版？……186
生命科学与信息科学的融合 ——人会不会飘到云上去？……187
灵魂与肉体的问题今天是否要作为灵魂与网络的问题重新考虑？……187
云会穿透自然达到道吗？……188
云计算与整体论和还原论 ……189
杜甫与字典的区别·贝多芬与音符的区别 ……190
整体论的思维更符合云的特点 ……190
对世界三的畅想 ……191
想象一个人有无数的网络延伸物 ……192

每个人都是一片云——结束语1　胡泳 ……193
就这么飘来飘去——结束语2　姜奇平 ……197

云之象

哈姆雷特当年问"存在还是不存在",如今首先得问一下这存在指的是哪一部分,是虚拟的部分,还是现实的部分。

在网络中可能存在另外一个和我们平行的世界,这个世界存在的是什么呢?存在的是意义,里面的语言可能是虚拟的东西,实际的东西是语言所表达的意义。这个世界三,也可以称为第三空间。它区别于我们平常所说的第一空间(或者说客体空间、物质空间)和第二空间(或者说社会空间、心理空间)。它是意义的空间。

很多我们今天在互联网上利用新技术所做的这些虚拟的事情其实可能是你生命的某种延伸,可能人已经去了,但是其他人还可以继续追踪你的踪迹。

云计算的虚拟性给人一种启发,即实体存在不仅可以落实到意义的空间,而且意义空间最适宜新的存在形式。这种存在有一个特点,就是高度的创造性,这是虚拟带来的东西。

云的虚拟性

云的虚拟性

虚拟与现实的界限已经模糊不清

2010年5月21日,世界上发生了一条重大新闻,实际上跟云计算这个话题有很大的关系。这个事件标志着人类的虚拟世界和实体世界的界限可能会彻底模糊了——美国宣布第一个完全是人造基因的人工生命产生了。用人造DNA编写的第一个自己生长,而且是自己分裂的细胞产生了。他们把它命名为"人造儿"。非常有意思的是过去我们都说虚拟是人造的东西,它相对的是自然而然发生的实体的东西,但是"人造儿"我觉得可能是改变历史的一个事件。美国人说这预示着人类历史的新时代到来了。这个人造生命比较有意思的是什么呢?为了区别于自然生命,科学家在这个人造的生命里面打上了四条水印,这样将来它长出来跑到自然界里面可以用这四条水印来鉴别它的出身。我记得非典的时候,当时有一个人给我的网页发了一条留言,说非典基因上面写着"美国制造"。后来方舟子写了篇文章批驳此事。他说你不懂生物学。基因上不可能附加人工的信息。可是今天这个事实就表明人类已经可以往基因上打水印。将来有可能两个人吵架,一生气,这个人对那个人说我要在你的基因上写篇小说,这种事情很可能会发生。我觉得"人造儿"这个事件具有特别的意义。

似是而非的虚拟现实

虚拟用英文来讲是Virtual,它是跟Real相对的。虚拟和现实是网络上经常讲的东西。虚拟现实(Vitual Reality)这个词其实是似是而非的说法(oxymoron)。这个词的构造既有Virtual又有Real,这个词本身就表明我们这个时代的悖论。未来的生命,包括刚才姜老师讲的东西本身就是既虚拟又现实的。因此,未来的人可能是一种电子人,他可能有真实的肉体,但是可能很多东西是虚拟的,存在于现实之上。

如果这个人变成电子人以后,就会导致一些有意思的东西,比如说过去都讲灵与肉二分,肉体是现实的,灵是很虚拟的。这种灵肉二分在云计算时代最终会导致什么呢?你的肉的部分消亡了,灵的那部分永远存在,就是电子的那部分会永远存在。的确像刚才姜老师讲到的,未来人类的历史可能要重写。这个事件具有颠覆性

云之象

的意义。

　　哈姆雷特当年问"存在还是不存在",如今首先得问一下这存在指的是哪一部分,是虚拟的部分,还是现实的部分。

谁谋杀了我的注意力?
——永远在线会导致什么?

　　我们发现云计算时代一个很大的特点是人不能集中思想。这其中很大一部分原因在于人永远处于在线的状态。张朝阳率领搜狐全体总监以上的男高管攀登青海的岗什卡雪峰。这个雪峰的高度超过5,000米,是祁连山的主峰之一。这个过程中全体人员人手一部智能手机,一路登一路发各种信息。最后一直登到峰顶以后,张朝阳很激动地发了一个信息,宣称这是人类历史上首次微博直播攀登雪峰。这一路微博读者可以看到登山队到了大本营,包括路上有冰窟窿,以及到了山顶,等等。张朝阳说发登顶的信息时手都快冻掉了,因为非常冷,但是他坚持要发这个信息。岗什卡雪山微博可以理解为:第一,相当于搜狐管理团队的拓展训练,可以通过这种训练加强大家的团队精神;第二,是给搜狐微博做广告的行为。

　　搜狐的高管里不少是我的朋友。我看了他们的微博直播之后,写了一篇博客:"在令人敬畏的雪峰之上,你为什么要惦记着发一条微博?"。我们抛开微博的商业推广目的,首先人们能够发布微博是因为他永远在线。由于无线通讯的发达,每时每刻都是可以跟网络相连的。人永远可以跟网络相连。这表明什么呢?你无法中断跟网络的联系。如果你无法中断跟网络的联系就意味着你没有地方可以逃避这个世界。张朝阳登峰之前发的微博是"为什么要求去登山",因为这个城市太乱了,污染使各种食品不安全,人们都只活在当下,因此我要逃向雪山。问题是当他跟这个世界有网络联系的时候其实无法逃离这个世界。

　　我觉得这是一个两面性的东西,一方面我到了雪山之上还能发微博跟这个世界保持联系,从人性来讲是很解放的,只要你有冲动总可以打电话、发电子邮件、发短信,或者从互联网上发一些资料,你会感受到这是一种人性的解放。与此同时,也表明别人在任何时间和地点都可以找到你。这时候就证明你逃避不了生活,这个生活必须得

云的虚拟性

重新界定，这种重新界定在很大程度上是因为我们今天生活在一个交流过度的世界。网站太多了，微博也太多了，短信也太多了，比特也太多了，但是注意力太少了。这时候信息产生和传播的速度这么快，信息的耗能这么大，你的大脑永远在进行多任务处理，或者叫多线程的处理。这时候你没有思考的时间，也没有创造的时间。创造是什么情况下产生？我觉得创造就是在心有旁骛的时候，你并不把一个事特别当成一回事的时候。

如果你永远在对外界的事物做被动的反应，你的头脑里面其实没有空间。没有空间就是刚才说到的问题。为什么人现在不能够集中思想？因为你永远随着信息之波在逐流。我们说这个信息的波是很急的，但是它没有深度，有一点像我们在大学校区里看到的很漂亮的水池，其实水非常浅。我觉得由于你不能集中思想，最后就失去了创造力，因为没有一些刺激的因素来激发你的另类的思维。

最终，这个东西本来可能给你带来解放，本来应该是主体性的，比如你到雪峰之上能够有条件发微博，与他人联系；然而与此同时，如果你不能成为这种技术革命的主宰，可能最终还是技术的奴隶，不是去创造，而是"被（技术）创造"，你的行为只是对信息的被动反应，所以你在雪峰之上还会惦记发一条微博。

虚拟是否比真实更加真实？

既然虚拟和真实有点难分难解，现在问题出来了，虚拟是否比真实更加真实？这个话题源于第一届网络小姐陈帆红。她的网名叫"菜青虫"。她相当于第一届超女，当时引起了很大的轰动，有很多网民奔向她。她当时提出这样一个问题："虚拟是否比真实更加真实？"。为什么呢？她腿有不便，小时候小儿麻痹症带来了后遗症。选超女的话候选人都是身体没有障碍的人。她当时对评选的规则很有看法，她说你这是歧视我们，比如说让我们走台步，我怎么走台步呢？你们评这个网络小姐到底是评什么东西？是我的网络存在还是有形的实体外型？如果是真实的实体，我没法跟那些人一样走台步、表演，你不是歧视我吗？她甚至为此跟组委会方面打起了官司。最后比赛还是为她改了规则，最后她得到了非常多的选票，因为网民给她的投票非常多。这是评网络小姐，以网上的存在为准，而不是以走台步为准。陈帆红获得了网络小姐之后一下从轮椅上站起来了。她得奖后在国际上也有影响，参加过国际交流。

云之象

第三空间

我觉得陈帆红得奖的这个空间与我们现实的空间是不同的。要按波普尔的话说前者叫世界三；在网络中可能存在另外一个和我们平行的世界，这个世界存在的是什么呢？存在的是意义，里面的语言可能是虚拟的东西，实际的东西是语言所表达的意义。这个世界三，也可以称为第三空间。它区别于我们平常所说的第一空间（或者说客体空间、物质空间）和第二空间（或者说社会空间、心理空间）。它是意义的空间。按陈帆红的说法，我是意义空间里的存在，你们拿我当实体空间的存在，从意义空间来说我可以做网络小姐的，因为意义并不需要胳膊和腿，但是你如果把我放在一个实体空间我就没有资格了。

波普尔把心理和意义区分开了。心理随着肉体的消失马上就消失了；灵或者虚拟的信息既存在于自然之中也存在于人之中，因为自然就包含信息。这个信息在人死了之后能够继续存在，比如以电子的形态继续存在。这个形态里面的大陆可能是用信息化的基础设施构建的，比如说云计算，它是一种信息化的基础设施，相当于我们在有形的世界之外又构建了一个新大陆。这个新大陆是由电缆铺设的，在里面走的是以符号形式存在的人的意义。符号之间可以排列组合，像孙猴子可以七十二变一样，变来变去还是孙猴子。意义是实在的，真实的；其他是虚的，不一定像它的形式看上去那么真实。比如，同样一个意思，我们可以用不同的语言形式表达，意义还是那一个。这种存在形式不同于世界一和世界二。好比世界一之中的生日蛋糕，虽然它在实体上真实地存在，但从意义的角度看，也可能真实，如果发自真心的话；也可能不真实，如果是心存敌意的人送的话。这时就要问，相对于什么维度，它是真实的？

陈帆红就问"意义到底是真实还是不真实？"，那就看你说一件事真实不真实是相对于哪个维度来说的。我追求网上的生活，更有意义的生活，从意义上来说，我作为生活在虚拟空间的网络小姐是真实的，但是这个东西在现实中也许是不完善的，实体空间选美，腿有问题，行动不便，就不完美。关键看评的是什么。有这种含义。

我觉得云计算实际上是把人带到另外一种空间去了，这种空间特别具有刚才胡老师说的特征，人死了之后可能还会以某种方式继续存在，你死了以后可能你留存在网络中的智能及其衍生物还存在。

要论有意义和无意义，它既可能是真实的，也可能是不真实的。从意义本身存在的合理性来说确实可能出现虚拟的比真实的更加真实。比如说物质空间的真实中可能有（在意义空间看来的）各种幻象、各种错觉，意义一语道破了它的本质了，这时候

云的虚拟性

有可能意义比幻象更加真实。

　　小时候看电影，里边经常有搞破坏的坏人，隐藏在好人之中，外表长得很帅。这个坏人美不美呢？从世界一的角度看，美是真实的。但从世界三的角度看，这个美是不真实的。可见在我们的实体世界中，世界三一直是潜在地存在的。只是过去我们没有将真实不真实的聚焦点，聚焦在意义上。再比如谈恋爱，第一眼往往盯的只是世界一上面的好不好，就是外形上的好看不好看。娶回家，才发现世界三上面好不好，内涵上的意义如何。可见外表真实的东西，不一定是真实的。而长得不好看的人，也许内涵上却是好的。

　　这就是虚拟可能比现实更加真实的道理所在。

意义的追问
——虚拟空间里永恒的天才少年

　　我觉得从网络当中的一些现象我们可以很清晰地看到这个东西。我不知道奇平是不是认识，北大有个教授叫吴国盛，他有个孩子非常天才，叫吴子尤。这个孩子十几岁得了一种很怪的病就死了。吴子尤的博客一直存在于新浪。他的妈妈叫柳红，是吴敬琏的秘书。柳红说要把孩子的博客一直保留。所以今天你能够完整地看到一个天才少年生前写的所有的博客，甚至包括他最后要告别人世的时候写给父母的东西。他的肉体的确消失了，但是他留下很多东西在虚拟的空间里，而这个虚拟空间里的东西能够给他的父母带来实实在在的情感慰藉。

　　微博也是这样。大概一个月之前我转过一个微博，有一个人得了癌症，他每天记录跟癌症搏斗的故事，最后他死了。但是他跟癌症搏斗的所有的东西在微博上传得非常广，他死了以后很多人接着给他回复。你给他回复他已经看不到了，但这些受到他影响的人仍在彼此沟通和交流。我觉得这是一些很具象的东西。很多我们今天在互联网上利用新技术所做的这些虚拟的事情其实可能是你生命的某种延伸，可能人已经去了，但是其他人还可以继续追踪你的踪迹，用姜老师的话来讲就是人们可以寻求意义世界里的一些意义。

云之象

在云中永生

胡老师刚才说的是博客式的存在意义，这已经涉及永生了。

人们总是想追求永生，像秦始皇不惜耗费巨大的人、财、物力修建地下皇陵，其实他就想在另一个空间能够延续生命，但是他找错了空间，他到肉体空间那儿去找。很多人追求物质的永生，所以会有木乃伊。最近英国哈罗德百货公司的老板说他选择的永生方式，是想把自己制作成木乃伊挂在英国的大本钟上，当做时针，转来转去。这个人就是戴安娜男朋友的父亲，是埃及的富商，在英国获得成功，最引以为自豪的是儿子和戴安娜是情人关系。他花了十年时间要昭雪车祸这件事，说是暗杀，结果暗杀的说法没被认同，他一怒之下说我要让你们英国人永远看着我，我把自己放在你们最繁华地带的百货大楼的大本钟上，把自己制成木乃伊时针，在你们面前转来转去。这也是一种永生的方式。我觉得这种方式和云计算相比就 out 了，也就是过时了。他追求的是物质的永生，但是他没有想到实际上云计算会带来另外一种永生的方式，超越于肉体永生，也就是精神的永生。

实际上在历史上人们也有过这种云计算的思想，历来有那么多人都追求自己的名声。那些经典作家把著作发表以后，按照阐释学派的说法，这个作品已经不属于作者了，后人可以无穷地和你的文本进行对话，进行重新阐释。比如说就一个《红楼梦》就阐释出多少意义。我见到最邪门的，阐释出什么呢？有个人写书证明贾宝玉是受到卢梭的《社会契约论》的影响，和林黛玉勾结起来要暗杀皇帝，发动中国的政治体制改革。这纯粹是用现代人的观点来和古代人进行对话。反过来说这说明什么呢？意义可以超越于我们的前两个空间，就是由物质构成的空间和附着于肉体的心理构成的空间，它能够超越这两个空间。

云 vs 哲学上的不朽

到底什么东西是不朽的？人类都是企图不朽的。人类最终都有一个死亡的大限，不管是繁华富贵还是生前有什么荣耀，所有人最后都会死。人一直在追求不朽。我是学政治学的，不朽在政治学上是很有意思的东西。

人类尝试不朽有两种方式，这两种方式恰好是西方文明的两大源头：一个方式是希腊方式。希腊和罗马文明追问：我怎么能达到不朽呢？我达到不朽的唯一的方式就

云的虚拟性

是创造让后人永世不忘的丰功伟业。所以恺撒被后人记住了，他开创了庞大的罗马帝国，通过他的建功立业可以达至不朽。

另一个方式是基督教的方式，它告诉你不朽只有在天国才能实现，你在尘世上的肉体是没有价值的。圣奥古斯汀有一本书是《上帝之城》，上帝之城是永恒存在的。奥古斯汀生活在罗马帝国时代，罗马这么庞大的城池最终也一定会玩儿完，上帝之城比罗马实体的城市要永恒得多，所以奥古斯汀认为没有任何男人的工作是能够不朽的。

我个人觉得这两个方式跟中国尘世中人们所追求的长生还不一样，可能是中西方文化的差异。按照现在的角度来讲，真正的不朽可能在于沉思，就是通过对于现实人世的这种可朽性的沉思达到哲学上的不朽。我觉得这种不朽可能跟今天的互联网时代是密切相关的。我们可能不再通过追求跟上帝的永恒合一达到不朽，也不再通过建立被后人传颂的丰功伟业来达到不朽。通过沉思达到不朽，与中国知识分子的不朽观又有一定的一致性：立德、立功、立言乃人生三不朽。只有学者可以把德、功同时放在言（著作）里试图不朽。

比特之城
——灵魂的乐土

我觉得不仅如此，我们过去这个不朽没处安放，可能安放在墓里或者金字塔里。其实我们现在找到地方了，就是安放在比特之城，就是说有了一个基础设施。事实上是第三空间的基础设施出现了，在这里面不用像过去供牌位一样供思想，思想却有可能会穿越。2010年5月21号美国造出人造生命的新闻让我觉得震撼，有可能它穿越了人和自然的界限，人有可能创造自然，人死掉之后灵魂可能不朽。灵魂托放的地方在哪里？过去有存包处，存放意义的地方现在也出现了。我觉得云计算实际上造就了这样一个比特之城。这是一件已发生的事情，不是幻想。

云之象

每个灵魂都有自己安放的位置

　　以前的人通过建立丰功伟业，或者说只有伟人才可能达至不朽。艺术家通过作品、思想家通过思想，他留给世界的痕迹能够传承下来。在云计算时代，是不是人人都可以不朽了呢？过去人家说当秦始皇、当恺撒才叫真实，才有可能真实。现在不需要做疯狂的超人之举以流芳百世，只要活得有意义，哪怕一个土豆或者一个白菜可能都有自己的意义，有自己安放的位置。秦始皇的墓花那么大资源就存他一个人，剩下的都是兵马俑。将来这个比特之城地方大得很，房地产可以无限开发。这时候每个人的灵魂都有一个安放的位置，每个人首先要限制自己缔造丰功伟业的念头，这是过去的想法。现在，实现人生意义的方式至少可以多元化。有的人可能通过记录自己的心理、记录自己的思想、记录自己对这个世界的观察也能获得一种意义。我觉得这时候真实的含义变了，人生的真实在于活出真我。比如说日本人可以在一个螺壳里面做道场，这时候人生的意义不在于把需要很多碳排放的人生做得很大，可能人生做得很小，他也觉得有很真实的意义。真我可能很小，但因为独特，与别人不重样，因此真实。如果虽然活得很大，活出了大我，但让人看到与别人没有区别，就有伪的可能，可能是照着别人的样子活，是装出来的，就不真实了。

长生的烦恼

　　人类一直追求长生不老。霍金说这在理论上是可能的。包括现在的生命科技，说现在让人活到100岁的药物已经发明出来了，理论上说人可以活到140岁。问题是这样，我看美国人也在争论，到时候满街都是140岁的老头、老太太会造成什么样的社会影响？对就业产生什么影响？对公司结构产生什么影响？

　　关于这个东西如果我们可以做一点科学的畅想，比如说从明天起所有的人都长生了。假定忽然告诉所有人说你从今天起不用担心死亡的事了，你说这些人会有什么心态？可能会有两种心态。一种人觉得，既然我永远不会死，所以我什么事也不用着急干了，每天想干什么干什么，反正有的是时间，就变得特别懒散。另外一种人就说，我不死了那可干的事就太多了，我明天就开始到处去干各种事。然后你会发现其实死亡给人生带来了某种张力，这就是为什么海德格尔毕生都要研究死亡对于生存的意义的原因。因为你死，所以你的人生的张力才能出来，你才能够做很多事情，克服很多的苦难。如果你不死，时间没有摩擦了，没有摩擦就没有了所有的那些努力了。

云的虚拟性

物理上的永生不可能实现，但人们一直渴望返老还童。好莱坞有部电影，最后一个男的变成一个婴儿趴在恋人的怀里，那部电影就叫《返老还童》。既然渴望回到童年，很多人迷恋电子游戏也就不足为奇了。

现实有缺陷，到游戏里寻求完美

电子游戏的迷人之处恐怕同云的虚拟性有关。为什么人们对电子游戏这个东西这么感兴趣？有很多人觉得现实无意义，他希望找到自己的意义，这个意义在电子游戏里面找到了。也可以说人有自恋的倾向，他觉得现实不完美，越觉得现实有缺陷就越沉迷于游戏。比如说现在的小孩，你整天让他做功课，他不愿意，于是就迷恋游戏。世界各国，也就是东亚，特别是中国孩子，游戏的瘾特别大。各国都不是这种情况，东亚功课特别重，抑制了儿童正常的需求，让他觉得生活没有意义，他觉得突然到游戏里面有一个完全可以自主的空间，这个空间我说了算，想让它往左就往左、想往右就往右。我在里面还是超人，我一会儿可以是赵云，一会儿可以是关公，一会儿可以幻想自己建设一个城市。这个自主性是他要寻找的意义，在现实中找不到，他就到虚拟的世界找这个东西。我认为从这个意义上来说，虚拟的空间给他提供了意义的空间。一个哲学家说人只有在游戏中才是人，我记得最早是席勒说的，还有哲学家写过一本这样的书。

书与游戏的迷思

有一个荷兰人写过一本书《人：游戏者》，就是从游戏的角度来说人类的。有一本书叫《坏事变好事》，我还给这本书写了一篇序，那个作者有一个特别有意思的假设，假设人先发明了电子游戏然后才发明了书，因为很多人对游戏都感兴趣。如果先发明电子游戏，书反而成为儿童市场上姗姗来迟的一种文化产品，尤其是如果文化哲学家来说这个事，他可能说游戏能让孩子们在更鲜活的、有影音的世界遨游。像WII那个游戏，你在这个地方动，屏幕上的东西就跟着动。书是什么东西呢？书是印在纸上的一连串特别沉闷无趣的字符，非常枯燥，让孩子们感觉到迟缓。读书会把书中的内容和读者隔离开来，而游戏可以架设复杂的社会关系；书会比较尊崇现行的道路，读者无

云之象

法控制书的叙事,因此读者读书的时候很被动,而游戏则是完全主动的,游戏者因而是更有自主性的。

为什么开这种玩笑?因为我们完全可以把游戏描绘得非常好。现在大家担心孩子总是玩游戏,不读书。书是那么好的东西,游戏是那么坏的东西。这个玩笑表明我们对后来的媒体有很多不足的认识,可能是带有某种偏见的。换句话讲,可能认知世界的途径有多条,如果用传统思维来认识,当然会觉得游戏一无是处。可以假设如果游戏发明在前,书一出来大家就群起而攻之,精英攻击尤烈,所以这个玩笑是讽刺那些本质主义地看待新媒体的人。

宁要模拟,不要真实

我说一个真实的例子。我带着女儿去博物馆,尤其是去新修的中国科技馆,发现一个现象。什么现象呢?当你把孩子带到一个既有实物又有虚拟的终端的地方的时候,孩子其实对实物是视而不见的,对虚拟空间里的东西倒是很感兴趣。比如说去科技馆,到处都是展板,说古人怎么造纸、怎么纺织的,而且旁边就有真的实物,会解释原理是怎么样的,女儿对这个东西一点儿兴趣也没有。她有兴趣的是什么呢?她在电脑上看各种东西是怎么弄出来的,她可以用手控制电脑,可以点、可以触摸,想弄这一部分就弄这一部分,想弄另外一部分就弄另外一部分,对旁边的实物完全视而不见。我在纽约看到同样的现象,在巨大的自然博物馆里,有各种各样巨型的恐龙,但那时候他们搞电子展,孩子们全在看电子恐龙,对旁边的恐龙一点儿兴趣都没有。

当游戏复杂到令人叹为观止,它已与道德评价无关

我刚才讲到《坏事变好事》这本书,那个作者有个核心论点,他说有些人,尤其是文化精英,容易攻击说大众文化使人变傻。每天电视上有那么多肥皂剧,肥皂剧都那么烂,那个故事你看了开头大概就知道结尾,天天看这个东西就会越来越傻,你不去阅读也不去思考了。但是这种观点往往忽视了一个很大的问题,他以为今天的大众文化还像肥皂剧那么傻,孰不知今天游戏的复杂性其实是很高的,这种复杂性可能体

云的虚拟性

现在两方面。一个是玩家本身需要游戏的技能，刺激你的大脑的神经，锻炼你的运动协调能力以及模式识别能力等等，这些东西都得增强。还有一个特点很重要，你注意玩魔兽的人，他们有工会组织，那个工会每次都把玩家聚集起来，给大家分配任务，每个人完成相应的任务就得到一个分值。你在玩游戏的时候不是不动脑子，而是动大量的脑子，一方面你要琢磨怎么在游戏当中成为胜者，另外一方面你要想办法完成工会分给你的任务才能获得相应的分值，这就变成相当复杂的社会行为。

如果你用过去对游戏的简单的看法来认识游戏，比如说认为游戏玩家都沉浸于即时的满足，上一分钟想要什么下一分钟就得到了，这种看法可能非常过时。因为今天玩复杂游戏的人获得的根本不是即时性的满足，而是非常大的延迟性的满足，有时候这种延迟性他自己也不知道能不能得到满足。一个人能够获得延迟性的满足，这是成人和儿童的一个根本差别。能够依靠延迟性的满足干成很多事情，这样才叫成人；儿童是想吃奶的时候就一定要吃奶，要糖的时候你不给我我就哭。

认识到游戏的这种复杂性以后才不会对游戏采取一种简单的甚至是道德性的论断。电视也是一样。现在电视节目的变化很大，情节简单、黑白分明的电视剧越来越没有市场了，比如说你现在倒回去看以前墨西哥的《卡卡》，包括美国当年特别有名的《豪门恩怨》，你会觉得是烂电视剧。

现在的电视剧线索非常纷繁，好多线同时并行，而且人物是特别暧昧的，你搞不清楚这个人是好人还是坏人。观众看到的背景很少，很多时候要用想象力去填补，要去猜。像《24小时》那种电视剧看的时候要调动所有的大脑细胞，千方百计地在各种线索之间建立关系。这种情况下如果你说现在的电视节目是傻节目，这个看法特别过时，因为很多大众产品自己在不断地进化，进化到你看这些东西的时候必须很投入。你玩游戏的时候、看这种复杂电视剧的时候，不投入就进入不到那个语境当中。从这种意义上来讲，大众文化目前这个阶段使人越来越聪明，不是使人越来越傻。

变形不一定是假的，所见不一定是真的

这个虚拟还会带来什么呢？我觉得会带来变形。这个变形是什么意思呢？在云计算的虚拟空间，存在的样子和前两个世界存在的样子可能不一样，可能是变形，可能是怪异。比如说第二人生里面巨大的豆芽不成比例，要够到天堂的话估计得有几千英尺高。现实中没有，它变形了。你能说这个变形不真实吗？它是另外意义上的真实。

云之象

在反映作者的想法上，是真实的。现在的电子游戏也是变形，这种变形有另外一种真实。比如说达利的绘画表现钟表可以流淌，钟表在现实中是不能流淌的，哪个真实呢？变形之后可能是另外意义的真实。工业化里的时间都是等长的，是为同质化生产服务的。如果进入潜意识的空间，有的地方可能时间长，有的地方时间短，是根据心理的时间决定时间长短了，跟恋人在一起觉得时间短，跟讨厌的人在一起觉得时间长，这时候时间显示出像流淌的液体那样不确定了。哪个更真实呢？就要问相对于什么了，相对于我们的意义来说虚拟空间创造这种变形有可能是一种真实的现象，只不过它意味着另外一种真实。

　　这时候带来一个问题，我们过去都是在制造业的世界里面。制造业制造的真实和将来传媒业制造的真实会不会有很大的不同？现在我们看历史都是历史学家写的，《三国演义》里面谁是好人、谁是坏人，给我们的印象是真实就是那样的。今天也是这样，现在谁掌握着宣传工具、谁掌握媒体、谁掌握文化，谁就可以说这个世界就是这样子。天下可能到处都有闹水灾的。如果媒体70%的版面都在说水灾，别人得到的印象是这个世界发大水了。如果你告诉他发大水的比例在包括旱涝在内的所有气象事件中，连1%都不到，他马上就会认为发大水这件事不值一提。到底哪个是真实，我现在有点怀疑，也得不出结论。当世界从以制造业为主所呈现的真实转向以信息业为主所呈现的真实的时候，比如说由房子、汽车这些实体构成的空间转向由文化产业、由传媒制造营造的空间的时候，那时候传统意义上真实的世界是更加真实还是更加不真实呢？我觉得以后会出现这个问题。我不知道将来会如何评断真实，是按照分贝数，谁的喇叭大谁就可以控制真实呢，还是谁设置的话语更加正当，从而吸引了人，别人就认为他的东西更加真实。现在美国的选战中，有一些人非常能言善辩，会吸引大批的听众成为他的粉丝给他投票，他就比嘴笨的人占便宜。有这种现象。以后这种话语权的制造业——绘画、美术、新闻、出版——会在云计算的支持之下制造出一种虚拟的社会。刚才我们都只是从个人的角度谈论虚拟现实，它将来有可能成为产业现象，成为社会现象。那时候我们自己身处其间，可能出现真实感的迷失。你看了半天报道，看的是真实的还是假的？

　　有个电影叫《楚门的世界》，说他的一生都被别人摆弄。会不会出现这种情况，有可能大家都存在于《楚门的世界》之中。王小东那时候还讲了最夸张的，他说人体里面就脑袋有用，其他都没用。将来如果出现一个狂人把大家脑袋都拧下来，像电灯泡一样拧到实验室里面的插座上，你们就做给我创造智力的工作，你们自己想要什么我都虚拟地给你灌进去，你想要谈恋爱我给你灌虚拟的恋爱，你谈完都不知道是真是假。你想去游览，想去哪儿就去哪儿，我通过媒体工业给你灌进去，我不知道这种情况会不会出现。

云的虚拟性

虚拟空间之模拟现实与超越现实

这昭示了云的虚拟性的另一重含义。人们一度认为虚拟只是对现实的一种模仿。但上面这个例子则说明，人们对创造的兴趣比对模仿的兴趣高。比如说第二人生，当时在实验室把环境搭好以后，程序的创造者在一旁观察，看里面的居民想干什么。第一个居民首先在那儿徘徊了半天，因为那儿什么都没有。她先造了一个小房子，接着造了一株特别大的豆芽，这个豆芽一直冲到天空非常高的地方。她在天空上造出了云朵，然后定义第几朵云，说这就是天堂，人顺着豆芽菜上天堂。这是她的想法。她到了虚拟空间不仅是简单的模拟现实，而且她还要创造，这反映出人的本质。

云计算出来以后，人们是不是还只停留在照搬现实世界呢？这样的情况也会有。后来他们接着观察第二人生里面人们都在干什么。第二人生里面的人不受重力限制了，人都可以飞起来。在第二人生里，很多人跑到天花板上，像气球一样贴在天花板上。这是由于，在离开电脑的时候，由于没有按着键盘，这些人就飞起来停在天花板上了，没有重力了。他们观察到一个什么现象呢？虽然没有重力，几乎所有人到了第二人生的时候上来就盖房子。因为没有重力，房子已经没有意义了，大家还是到虚拟空间把现实的空间模拟一遍。

比如说第一个人用豆芽上天堂，她没有充分利用第二人生中飞的功能，她非得在豆芽的叶片上不断地跳来跳去跳到天堂去。其实她可以想到在第二人生的虚拟空间中，实际上是可以直接飞上天堂的。她要蹦上去，还是受到现实空间中重力的影响。

这是试验中人们早期的想法，后来的想法就变了。第二人生中各种飞行的动物出现了，各种现实中没有的东西出现了。到了虚拟空间以后，可能刚开始人们还是想模仿，把现实空间搬到那边去，后来慢慢发现，在虚拟空间可以随意想象，可以不受地球重力的控制，可以随便创造，可以创造出四不像的东西，你也不知道那个东西是什么，但是它非常有意思。

云计算的虚拟性给人一种启发，即实体存在不仅可以落实到意义的空间，而且意义空间最适宜新的存在形式。在摩根斯坦利谈移动互联网的报告中，最擅长做这种事的，是腾讯。摩根斯坦利把腾讯列为移动互联网中经营虚拟商品排名世界第一的商家。这种存在有一个特点，就是高度的创造性，这是虚拟带来的东西。

云之象

专家集体催眠 vs 网民群体智慧

但是我还有一个担心，我举一个例子说明这个担心。如果人们的竞争里面出现了强者怎么办？就是说权力出现了，这个权力不是指政治权力，就是有特别聪明的人出现了以后会不会造成不平等？假设现在是一人一票的情况下发生的博弈，如果出现极端的精英的时候会出现什么情况？历史上曾经有过这样一个故事，福柯和贝尔都提到过。沙考特是精神病医疗的鼻祖，是弗洛伊德的前辈。他有一种特异的本领，能操纵精神病人。一个精神病人一般来说是很难操纵的。他当时请欧洲各国的精神病专家到他的屋子里坐好，病人几乎是在他的指挥之下突然发病，有的人哈哈大笑，各种典型的精神病状态出现了。精神病是特别不好控制观察的，可能要对病人观察很长时间才会看到发作。但是沙考特居然是想让他怎么发作就怎么发作，所以当时就有人提出各种各样的猜测。一种是猜测他可能在作弊，这些病人是串通好的演员，有可能精神病人里面真的有演员。还有一种猜测是怀疑他用催眠术，他了解精神病的发病原理，用一种催眠的方式在定时定点的情况下促其按时发作，而且发作的表现特别典型。这里面存在一个问题，福柯当时指出了，沙考特实际上是一个权威。他凭借这个权威的地位制造了一个现实，你搞不清楚这个现实是真是假，至少大家当时是信以为真。直到今天这件事是真是假还是谜，因为沙考特自己坚决否认自己有任何作弊行为。假设沙考特是一个精英，或者是精英集团或权力机构的代表，他让所有专家相信自己的虚拟是真实的。这时候大家不都成傻子了吗？这种现象会不会出现？我觉得也可能出现这种负面现象。虚拟性一旦和权力结合，有可能导致这样的现象出现。

也可能出现相反的情况，像华南虎这个事最后专家都搞不清楚了，把集体智慧集中到一起的网民比专家还厉害。这两种情况都有可能是将来虚拟带来的变化。可能专家制造出对社会催眠的效果，把假的东西变成真的，就像赵高说这是鹿还是马，他可以指鹿为马。当然也可能出现另一种情况，草根的智慧比专家还厉害，他可以戳穿专家人为制造的一些虚假的东西。这就看草根是不是拥有集体智慧了。

信息跟意义没有完全成正比的关系。某种意义上两者的结合是一种造化。

大家公认的三部曲是信息、知识和智慧。这是三个不同的东西，绝不成正比的。不是说信息越多知识就越多，甚至不是说知识越多智慧越多，有的时候反而有知识的人被知识遮蔽了头脑，一点智慧都没有。它是进阶关系，不成正比，但是更多的信息有可能导致更好的知识，更好的知识有可能导致更高的智慧。

在云计算时代，我们说大隐要隐于云。你已经不可能回到过去信息稀缺的山林了。

现在这个时代对人内在的要求更高了，对内在的自律、自觉性要求更高了，对判断力的要求也更高了。

为什么强调在云时代要思？因为所有的这些东西如果不通过痛苦的思考，包括对很多外界诱惑的抵御，你就不会知道自己要干什么，就会在这里面随波逐流，你还可能像慧能的那些末梢弟子一样安慰自己说我还是能够成佛的。

一方面有仪式的东西，我们叫做技术，技术就是外在的东西；但是更主要的还是要追求内在的东西，就是意义。

更多的信息，更少的……

更多的信息，更少的……

信息的迷魂阵

现在我们讲你要任何信息，就用搜索引擎一搜，这时候海量的信息就过来了。但是问题来了。这个时候要选哪条或哪些信息？在这么多信息当中选，可能是挺难的事情。是更多好还是更少好？更多的信息能使我们更加知情吗？

这个不一定。现在信息多了以后，至少对一件事是真是假搞不清楚了。现在总是有新闻，一会儿出什么事情，过一会儿又辟谣了，后来又有人说辟谣是不对的，后面还有内幕，所以当信息多了以后我反而更不知情了，这也有可能。过去报纸上说哪儿发生了一件什么事，那肯定是真的。

从华南虎事件里面可以看出，实际上华南虎是真是假本来是一件简单的事情，人们争论了几个月都争论不清楚，正方和反方针锋相对，就是挺虎派和打虎派，他们争论的是一个非常简单的事，而且这个事情也并不复杂。

虽说信息源多了，有时反而会使人更加不知情，但由于存在信息市场上的竞争，也可能使信息趋向对称化。这样，算总账，人们还是有可能变得更加知情，而不是更不知情。从某种意义上来说，确实有信息的市场在进行竞争，竞争的结果是最后大家一致地判断说这个事是假的。虽然说现在周正龙还不依不饶，说自己一定要到山上捉一只虎来证明自己的清白，但是已经没有人相信他了。从这个意义上来说，这么多信息源竞争的结果，会使人们更倾向于知情，这只是简单的对于事实的判断。

比真与假更加扑朔迷离的是好和坏

涉及价值的判断可能会出现多元化。如果要判断的不是真和假而是好和坏，人再多也不一定能争出结论来，因为人的价值多元化。大家采用的不是一种标准，以前是一种标准，现在可能是不一样的标准。

云之象
从罗生门中获得支持决策与行动所需的真实信息

  信息跟意义没有完全成正比的关系。某种意义上两者的结合是一种造化。我觉得是这样，在真假莫辨的环境下你能不能够获得真实的信息？这个很重要，因为信息是跟决策相关的，信息跟行动也是相关的，获得信息最终是为了根据信息采取行动。更多的信息只是给你更多的材料、论据，但是从这些论据里面能得出什么是不一定的。一大堆信息但是没有判断，最后还是得不出什么结论。有判断力的人可能在很少的信息里面就得出有价值的结论来。如果你自己没有这种能力，我觉得只能是你个人的悲哀，我觉得是个人造化不一样，没有办法，这样的外部环境已经形成了。

  过去我们的信息源少，相对来说信息源比较真实，现在信息渠道多了以后就会有互相矛盾的信息出现，大家的信息凑到一起，会更加接近真相还是把大部分人都绕晕了？

  这还是取决于人的本性。在美国有一种说法是思想观念的自由市场——各种信息相当于一个市场，各色人等在那儿争来辩去，最后真的会战胜假的，用中国话讲是"真的假不了，假的真不了"——如果你真的这么认为，就等于你承认人最终是理性的，所以真的会战胜假的，因为理性的人的思考最终会战胜非理性的东西。如果你认为人是非理性的，工业革命是理性的，而后工业社会导致人的感性的东西大量释放，人越来越从理性向非理性转变，这时候对信息的真假判断真的就没有什么办法。你甚至都不能确认，难道在思想观念的自由市场上真的一定会战胜假的吗？你会对此持有一种很强烈的怀疑态度。回到我刚才的那个话，我觉得就是个人的造化。

信息、知识与智慧的排列组合
——古代圣贤的启示

  大家公认的三部曲是信息、知识和智慧。这是三个不同的东西，绝不成正比的。不是说信息越多知识就越多，甚至不是说知识越多智慧越多，有的时候反而有知识的人被知识遮蔽了头脑，一点智慧都没有。它是进阶关系，不成正比，但是更多的信息有可能导致更好的知识，更好的知识有可能导致更高的智慧。

更多的信息，更少的……

单就智慧而言，几千年以前的人所达到的智慧，现在的人并没有超越。那时候信息很少，知识也很少，但是智慧很高。比如说老子，他的智慧现在的人未必能超越。雅斯贝尔斯讲到轴心时代，轴心时代在东西方是一个奇迹，西方出现了希腊的那些哲学，包括耶稣基督，东方有老子、孔子这些人，人类所探讨的所有问题在轴心时代都提出来过，也都回答过。这就是王朔说的，只有从前才有知识分子，现在所有的人都不过是知道分子。

信息—知识—智慧 vs 知—学—思

我把思维的三个阶段理解为知、学、思。知是获得，你是一个接收器。学和思不是一回事。有的人学而不思，有的人思而不学。学是把信息加工成知识，通过外部灌输得到，如果自己不走大脑有可能产生一些弊端。

云计算给大家带来更多信息的时候是否能促进思？这取决于什么呢？我觉得和网络大脑的问题是有关的。如果大家连在一起只是互相传递小道消息，与大家在一起进行共同的思，这恐怕应该是不一样的。

当信息多了以后，你更加关注有意义的问题还是无意义的问题？

孔子有一句话就是"思无邪"，想的都是正事。"子不语怪力乱神"，意思是不相干的事他不想。那时候人们比较单纯，也可以从这样的意义上来讲。这说的是什么呢？云计算到来之后，问的问题非常重要。过去人们只提出可以解决的问题，他一开始问的问题一定是生死相关的问题，比如说老虎过来了得赶紧跑，这时候再想哲学就没命了。那时候肯定先考虑最重要的问题，如果不考虑这个问题马上就完蛋了，那时候思考的问题指向最重要的问题。人们想完这些问题之后想的问题越来越多，可能偏离了最重要的问题了。将来云计算也有这个现象，给你

云之象

知识的供给越来越多了，有时候你就不知道该去解决什么问题了，没有问题导向就像迷失了路径一样。

如果说以前是圣贤时代，那时候出伟人，他们有伟大的思想和智慧，未来云计算时代会不会有更多的民众变成知道分子，真正的精英，像老子、孔子、亚里士多德、柏拉图这种人会变少？我觉得更严重的问题不是个人，而是人类整体钻到不重要的问题中，把重要的问题忽略了。比如说最后哪一天一个原子弹把大家都报销了，大家不想这个问题了。他不想哪一天突然全世界的基因都串种了这样的问题。他不想哪一天导致人类毁灭的问题。他想的是什么呢？我这个国家跟你那个国家死磕。你得罪我了，200年前的仇我一定要报，我要让恐怖分子来恐怖你。只是看这个问题，别的不看了。当信息和知识更多了以后，人们更多关注古代说的有意义的问题还是无意义的问题？这是值得思考的。

真假莫辨时代的普世价值

云计算时代肯定是一个真假莫辨的时代，而且是不可逆的。各个群体每一个群体自身的利益不一样，所以关注点是不同的。

发达国家比较困扰的是没法把全世界都集中在他认为的碳排放、环境污染问题上。他们认为这是很急迫的问题，但是发展中国家可能认为还不急迫。从发达国家的角度讲，这么有意义的问题，我怎么能够让你们聚焦这个话题呢？没办法聚焦，所以哥本哈根会议失败了。对，这时候不能怪信息不够充分，关于碳排放的信息已经够充分了。这时候别人不愿意听这种话也会找到相反的信息，你说地球变暖，我还可以找出相反的证据。信息更多了是毫无疑问，大家关注的问题是不是真正有意义的问题？有可能关注的不是最主要的问题，而是次要的问题，最后直到把自己报销了，主要问题还没有解决，只解决了一些旁枝末节的问题。

现在世界存在一种分裂，就是巴尔干化。各种各样的群体都在活动。正是因为这个原因，我觉得现在更要坚定不移地说人类是存在普世价值的，绝对不能否定普世价值。首先你遇到另外一个人，这个人跟你属于不同的种族、性别和文化。你们之间能不能交流？人与人之间有哪些共性？如果你否定共性，这个世界大家就没法达成沟通了，大家就一起毁灭了。

更多的信息，更少的……

当信息多得让人无感了

现在面对这么多信息，这时候人们会追求更强的刺激还是更多的意义？还是说每个人有不同的选择？有人会追求更多的刺激，有人会追求更多的意义？或者说我不追求更多意义，只追求对我有用的意义或者我认可的意义？要回答这个问题，用哲学的话来讲，追求刺激终能得到刺激，追求意义终能得到意义。

现在的实际情况，至少在初期阶段更多是受刺激，现在连垃圾时间都被调用起来了。垃圾时间和垃圾空间里充斥着试图吸引我们注意力的东西。在电梯里面这段时间反正也没事可干，我就吸引你的注意力。老子时代就想把地种完了以后就蹲在地边上想天想地，没有人给他广告刺激，他可以集中心思来想问题。如果老子干完活以后东一个广告、西一个广告，走到任何地方都是信息的刺激，估计老子也集中不了这个注意力。

现代人就面临这个问题，这个刺激也可以理解为当下的、表面的或者无处不在的东西不断地刺激你的神经，让你一刻都不得休闲。意义需要静，用胡泳的话说是需要沉思，这时候他沉不下去，沉思需要静，现在我们处的环境是乱哄哄的环境，所有人都不断挖掘你的极限。而且他试图找到商业的价值来利用。

刚才说的垃圾时间、垃圾空间，在这么多刺激下人就变得无感觉了。过去我们说看到一个罪行会受到强烈的刺激。现在看电视上，东杀一个人西杀一个人，好像杀人变成很简单的事情。包括小孩玩游戏的时候，杀人都能非常冷静，美国枪杀案中很多杀手一枪毙命。有经验的人说，如果没有经过专业训练，一枪打不死人的，当时会慌了手脚乱打一通，如果一枪打死人，就说明他对杀人已经很麻木了，他见过无数杀人场面，当然不是真实的，可能是游戏中，这种强刺激以后变得麻木了，对别人的存在意义有可能忽视了，可能出现这种情况。大家都被刺激麻木了，可能就需要更多刺激。原来门户网站刚出现的时候，只需要把新闻编排一下，大家注意力就集中了。把开会的信息拿掉，把大家感兴趣的信息放在上面大家就感兴趣了。后来发现不行，如果大家都这样做，放更刺激的东西才能吸引大家注意力。各种各样刺激的东西出来了，过一段时间又麻木了。出现刺激—疲劳—再加大刺激—更加疲劳这种恶性循环。久而久之大家注意力就分散了。孩子就是这样，不断给他刺激的结果，并不是说收到哪一个信息特别有感触，而是对什么都没有特别的感觉了。

我们的宣传部门看到一些负面的信息如临大敌，他应该想到当信息多了以后其实大家都是麻木的感觉，包括负面的信息大家也没有什么感觉了。

云之象

当信息无所不在，我们有没有选择自由的自由？

有了更多的信息，理论上有更多的选择。面对更多的选择，人们获得了更多的自由还是更少的自由，更好的结果还是更坏的结果呢？

当云无处不在的时候我能不能避开云？我想见一见太阳，你非得天天都是阴天，我走到哪儿都是云。这个问题将来怎么解决？我还真不知道。能不能开关一关，就不要这个云了，有没有这种自由？有没有可能有节制地选择信息的流入量，以后有没有这种可能？就是信息的流入和流出完全是一种个人的选择了。个人把手机扔到水里，电脑砸了，电视机卖给垃圾站，想不要信息了，行不行呢？我觉得这一招不管用。为什么呢？以后到了物联网时代，走过一块石头，石头都会跟你打招呼，走到哪儿可能都跟网络连在一起，那时候怎么办？也许那时候人类会向往默默无闻。

我发现我自己是这样的，一开始我对即时通讯非常感兴趣，像MSN、QQ什么的，后来我用了一段时间就不再用了，因为一旦用起来就被它包围了，有一种欲望要跟别人对话，只要别人一说什么东西，你就必须马上回答，这样就陷进去了。用邮件和短信稍微好一点，可回可不回，可以选择积攒到一起回，或者忙了就把它放在那儿。如果这个东西如影随形，回避不了它，那人就没自由了。

云计算有可能真的带来这个问题。它将来把你包围起来，而且无缝连接。过去还只是互联网，到笔记本前面、到桌面之前才跟这个世界连，将来互联网会发展成什么形式？现在第一代的物联网是传感网络，你想找对方，他给你一个回馈的信号。下一代的物联网有芯片了，有智能了，就是说这个石头里面有智能了，它主动跟你打招呼。跟你打招呼还不要紧，给你发广告怎么办。如果你开车，一路上路过所有的石头，比如说这个石头是餐馆的，它就说我今天有个菜你赶紧来吧，那个说这里有鞋子，你赶紧来看吧，我打几折，都在分散你的注意力的时候，那时候还能不能想关掉就关掉？这也会造成很大的问题。那时候有没有选择自由的自由？最好是能开它也能关它，现在我看电视没法回避里面的广告，关不了它，我要看就得搭配着来。将来也可能遇到这样的问题，我想问路，他说"前方500米……"，先插播一段5秒钟广告，然后再告诉你"前方500米……"一转是什么呢？又插播一段广告。像交通台似的，我本来想听前方路况，结果我都开到目的地了，路况信息还没有来，来的是大量不需要的信息。

更多的信息，更少的……

当石头都能跟我说Hello，这是不是一个我想要的世界？

我刚才说到张朝阳登山，本来到了雪山那个地方应该是感受自然、敬畏自然，应该集中注意力，结果你在一路上不停地向大家报告，或者是带有某种炫耀的成分说我现在到了这儿那儿的，你当然就对信息世界无可逃避了。其实刚才已经进入到一个很大的问题，我觉得云时代到底能不能思是一个非常大的问题。最终发展到了石头都跟你说Hello的时候，这时候你可能要问自己，这是不是你想要的世界，你真的想要一个石头都跟你说Hello的世界吗？

把握关键，还是陷入细节？

现在人们流行，动不动就说谁谁谁out了。其实每个人的生活方式是不一样的。有些人每天更新博客或者定期更新博客、微博，然后要回复大量的商业上的邀请，还要履行一些承诺。也有些人每天工作，从来不上QQ，从来不挂MSN，下班后的时间尽量与家人一起度过。他可以和家人分享对真实世界的感受，这是在所谓的虚拟世界里不会得到的，他也不会到虚拟空间里试图得到的。这两种人好像不在同一个时代。

许多老板甚至搞IT的老板不接触电脑，他集中于意义。因为什么呢？他怕一接触这个东西就钻于形而下的细节里面去了，把他迷惑了。比如说张树新，她让人家都用上电脑联网，但是她自己进入是很晚的，她要集中思考互联网的意义何在。从某种意义上来说，老板为什么这么做呢？因为意义对他来说是更重要的。将来所谓的老板，就是能把握自己，把握关键的人，将来的人如果整天被电脑俘获了，不能像老板那样思考的时候实际上可能最有意义的事情大家都漏过了。

人生而追求意义

我觉得每个人对意义的理解不一样，可能意义对一些人比对另一些人更重要，但实际上来讲，我觉得人是一种追求意义的动物。这就是为什么马丁·路德·金讲，你吃饱喝足了以后如果不追求意义的确就不能称之为一个人，你只是活着。如果你要追

云之象

求意义，可能以前的人追求意义相对简单，比如说达摩去少林寺面壁十年，面壁十年为了干什么呢？肯定是为了思考这个世界的意义，他到底跟这个世界是什么关系。那时候追求意义就是逃到山林里，这就是为什么所有的和尚建庙一定都建到山林里的原因，在西方是封闭的修道院。为什么现在难呢？因为现在有信息的洪流，信息在你周围变得汹涌澎湃，你要想逃离到山林里是简单的，但是未必能逃离得了信息对你的紧追不舍，所以说比以前更难了。正因为它更难了你才更应该去迎接这个挑战，因为不迎接这个挑战会很麻烦。

比如说我们玩扑克牌，你拿到一副新扑克，四种花色是按顺序排的，红桃后面可能是黑桃，黑桃后面是草花，排的时候是从红桃A到红桃K，你知道这个预期，少了一张你就觉得不是好扑克。如果你拿了一副新牌，看到红桃A和红桃K之间突然出现方片9或者是草花10你就乱了，因为你不知道它的规律，你不知道这张下来以后下一张是什么，你对它没有预期。我觉得我们面临的世界就是这样的世界，以前你可能知道红桃A之后一定是红桃2，现在你会发现它可能是草花10，你对整个世界的信念就坍塌了，因为你就没有整体的画面了。这时候第一你会恐慌，第二你会有强烈的想搞清为什么是草花10的欲望。为什么你强烈地想搞清楚它？不搞清楚它自己就没法活。

大隐隐于云：在混乱的世界寻找意义

实际上信息是非常分散的，但是意义有一个特点是一以贯之，就像排了顺序一样。意义一乱了之后人就紊乱了，系统跟石头、瓦块一样了，变成一个熵的存在了，所以人们追求意义是强调这个东西。从这个意义上我又觉得这里面提出一个很有意义的话题，实际上我们现在要做的是，刚开始云计算出来的时候，大家欢呼的时候都说我们这个世界会更加热闹。现在的问题是什么呢？是说要能做到大隐隐于市。这个市就是云到处都存在了，把我们周围弄成了一个闹市，但是你能不能做到心里面隐，就是有一个红桃排列的顺序，你要知道自己的意义在什么地方，这时候就不乱了，就平衡了。如果周围大乱，你自己也乱了，还不如当年在山林里呢，至少自己还知道自己是谁。以前我们说大隐隐于市，他不是在山林里，是在闹市里，你周围都是闹市你才能保持那种状态。在云计算时代，我们说大隐要隐于云。你已经不可能回到过去信息稀缺的山林了。

更多的信息，更少的……

意义迷失的真相1：
诱惑越来越多，人的自制力越来越差

前面说到游戏，就发现不得不说到成瘾性。有各种各样的瘾，游戏瘾、聊天瘾、烟瘾、酒瘾。现在这个时代强化了这样一种行为模式，我觉得这是一个人类普遍存在的现象。

为什么说现在的人自制力会差呢，原来的人自制力就好吗？当然是原来的人自制力好，这有两方面的原因。一方面是外在的，原来的各种规矩多，比如说过去小孩上桌吃饭，祖父对这个孩子是有严格教育的。你不能乱说乱做，有传统的规矩、宗教的规矩、礼法的规矩，所有的这些东西从外在限制你不能乱用你的自由，你要克制自己成瘾的倾向，这是外在的。

另一方面是人们的仪式感越来越淡。过去中国是宗法社会，西方是宗教社会。宗教仪式跟上瘾不是一回事。仪式是人生活的一个必然部分，因为仪式跟意义是连在一起的。不能想象一个人的生活当中完全没有仪式感。为什么要有仪式感？因为仪式给你带来意义，比如说为什么结婚的时候一定要搞婚礼，结婚了嘛，两个人在一起，搬到一个房间里，两个枕头一放就可以了。为什么要搞婚礼？因为你需要这种仪式，需要别人共同见证。人类学上这叫"通过仪式"，就是人生当中一些重要场合需要别人共同见证，你自己要纪念，要设计这个仪式。宗教的仪式也是这样的，宗教是通过仪式加强你对神的敬畏，所以仪式是人生当中不可或缺的。现在人们的仪式感越来越淡，你到西方去也可以看到很多信教的人不去做礼拜，但并不意味着他不信教。我总是强调造化的问题，最终都是回到个人对意义的追求与选择上。仪式这种东西对于我们来讲是外在的，我的内在如果坚定不移地按照神的旨意生活，我仍然是神的信徒，不一定非要去烧香、磕头。其实佛教也是一样的，禅宗都这么说，你要寻佛不用外求，内求诸己，说的是一样的道理。

回到刚才的问题上，这些外在的约束越来越少，人的自制性越来越差，同时现代社会带来无穷多的诱惑。过去哪有这么丰富的文化和物质产品供你选择，对不对？现在这个时代对人内在的要求更高了，对内在的自律、自觉性要求更高了，对判断力的要求也更高了。

云之象

渐顿之争

你说的这个是一个现象，人们现在仪式感的降低实际上是意义缺失的一种表现。对于高人来说不需要仪式，像禅宗就直接顿悟成佛，不需要外在形式。但是对于社会来说，有相当一部分人给他仪式他就有可能被意义所引导，没有这个仪式可能自己就会放松了，将注意力分散到无意义的现象上。还有一些人是虚伪的假道士，他只知道念经，不知道意义，那是另一回事。现在的社会就是这样，存在着信仰和日常常识的严重脱节，大家信一套、供奉一套。为什么强化仪式呢？因为不信了，只好用渐这种方法，用很多外在的方法约束你。

禅宗分为两派，就是神秀和慧能。神秀跟六祖慧能争什么呢？神秀认为领悟禅的真正有效的途径只有渐进，而慧能那一派认为人是可以顿悟的，刹那之间你就可以领会到佛的真义。这叫渐顿之争。

不能用所谓顿悟来逃避痛苦之思

说到渐顿之争，最后慧能大胜神秀。这里面是有道理的，如果运用市场营销的角度来讲，凡人肯定会觉得能够顿悟对他来讲是最省事的，每个人都有无限的可能，哪知道我哪一天劈个柴、烧个火，师傅打我脑袋一棒子，我可能就悟了。你要是渐的话，你得修行，每天得念经，做各种善事，凡人哪做得了那个。尤其对军人来说最好是杀完人一下立地成佛了。慧能这种说法在凡人那边一定有市场，因为大部分人都是趋利避害的。还不只如此，他还强调真诚，不仅能省事，还要真，层次还高，他是真信。但其实他的末流对世界是贻害无穷的。只有少数的高僧大德真能够顿悟，大部分人借此逃避了漫长的修行，我觉得最终的祸害是大于给人们带来的益处的。

为什么我们强调在云时代要思？因为所有的这些东西如果不通过痛苦的思考，包括对很多外界诱惑的抵御，你就不会知道自己要干什么，就会在这里面随波逐流，你还可能像慧能的那些末梢弟子一样安慰自己说我还是能够成佛的。

更多的信息，更少的……

以外在的技术之云追求内在的精神意义

对意义的追问我觉得对最上端和最下端的都不起作用，只能作用于中间这堆人。根本不信和根本信的你实际上改变不了他什么。技术的作用在于，你给了他一定的方法他可能朝好的方向做，不给他方法就朝坏的方向做。比如说云计算，云计算相当于某种仪式上的东西，仪式背后实际上是有意义和含义的，弄不好就变成一套技术的教条了，名义上用的是云计算，根本上可能与云计算相违背。这也是可能发生的。一方面有仪式的东西，我们叫做技术，技术就是外在的东西；但是更主要的还是要追求内在的东西，就是胡老师说的意义。

云计算可以提高每一个人的个人意义。因为云是分散的，过去集中模式下可能只有秦始皇有意义，当了皇帝才有意义，大家为了争夺王权杀得你死我活。云计算出现了以后，它本身是技术，把这个技术分在每一个节点之上，每一个小人物都有永生的可能。这种情况下就有意思了，这些人追求不追求永生？他如果不追求就把云计算当做仪式来崇拜，觉得这是一个非常重要的技术，大家顶礼膜拜，但是我不知道拿它来干什么，我可能拿它来还是为了尊崇一个皇帝，而不是我自己的意义，那它就是没有价值的。

只要30分钟有15人支持，你就成为临时的意见领袖

网络上有这样一种现象，比如说某人倡导说我们应该如何，马上有人反对说"你凭什么倡导别人？你有什么资格让别人按照你的想法去做？"。这无形中造成什么呢？人人都可以成为领导了，人人都成为主人了。这时候就会有争夺，我把这个争夺归结为话语正当性的争夺。话语正当性的特点是什么呢？我不追求多大的人群追随，也不强调这个意义有多深远、概括面有多大，可能是此时此地在30分钟之内找到15个人产生共鸣，这个意义就成立了。这15个人认同我这个意义，他就会尊崇我为临时的意见领袖。但是这个话题可能非常容易转，过了15分钟以后你提别的话题，可能你说的话题吸引不了这些人了。它的排列组合和固定的空间是不一样的，这时候我们发现人人是领导的同时，变成了这样的情况：话语权有了，但是每个话语权有效的时段是很短的，但是他会让人家真信。如果说一屋子人，大家价值观都是多元化的，你非得说大家都得听我的，不允许你有别的想法。不听怎么办？我拿暴力强制你。这就和云的概念相违背了。非得说万众一心，万众一心成本非常大，可能现在不是一万人，可能要十万人、百万人、亿万人，能够聚焦的共同话题很少，比如说奥运会那可

云之象

以，至于别的小事，那就萝卜白菜各有所爱了。不能万众一心的事曾经都是没有意义的。现在哪怕一个十几人、百来人的小论坛，也是有意义的，也能给你提供一个临时的坛。论坛的"坛"很好，过去有六祖坛经，坛就是意义的单位，在这儿设一个坛，信的就过来，不信就到别的地方去，有你待的地方。

控制意义与维护普世价值

我觉得是这样的，人人都是上帝有一个危险性，你承认人的多样性的同时不能掉入道德相对论的陷阱里去。你还是要相信人类有一些普世价值，人生来就追求自由、平等、民主，包括关爱他人等等所有这些东西，如果你否认了人之所以为人的基础，就回到丛林世界了，谁拳头硬谁厉害，或者用奇平的话讲是谁有话语权谁掌握世界。

公共空间与个人空间

控制注意力是表面的东西，谁在控制意义？我觉得胡泳提的非常好，也得防止意义的相对化。我个人比较推崇的是建设性后现代，解构的后现代完全是相对主义，建设性后现代承认说人在具有差异性的同时，可以合并同类项，用胡泳的话来说这些同类项就是普世价值。这两者如果都走偏了都有问题，只有共同意志，没有个人的爱好就变成了集权的社会，变成高度传统的、集中的社会，但是只有分散没有共识大家就变成丛林了。比较好的是把大家的同类项加以合并，用相对较少的资源搞定这一块，在这个基础之上给大家一个自由的空间，扩大在同类项之外的意义空间是最好的。这时候就有一个衡量社会的标准了，在合并同类项这方面耗费的社会资源不要过多。比如说拿出30%的资源，这个资源是广义的，也可能是财富、政治或者文化资源，放在那里，大家不争论。这时候不属于这个同类项圈子里的，大家有充分自由的空间能够表达自己的意义。共同意义和个人意义之间可能形成一个比较好的配合。现在的问题是这样的，有时候为了维护共识耗费了大量的资源，可能是70%、80%的资源，这时候挤压了个人的空间。仔细想最后公共空间与个人空间用什么区别？用社会资源的分配来区别。如果社会资源全部分配给公共空间，这时候个人的空间就会非常地小。

更多的信息，更少的……

如何判断普世性？

我是这么看的，我觉得你说的问题非常有意思，可能有简单的判断标准，凡是你耗费太多公共资源或者社会资源去捍卫的东西可能不是普世的东西，可能恰恰是特殊意义的东西，不是普遍关怀的，所以你才要拼命花大量资源告诉大家说这是全体人都应该有的东西。相反，真正普世的东西大家一看就知道了，不需要你花太多的东西去论证。世界各国大家都讲一个例子，所有的文化当中都有"己所不欲，勿施于人"这样最基本的东西。

云计算对社会结构的影响

这个话题非常深刻，实际上我认为两种情况都有。一种情况是说它确实是大家的共同价值，其维护成本和资源耗费非常多。还有一种情况是说它维护的不是同类项，也会出现巨大的成本耗费。

对第一种情况可以举这样的例子，当处在由传统社会向现代社会转型的过程中，一般维护共同利益的成本高。越是野蛮社会越会用暴力，也可以理解为用高摩擦力的方式去维系共同利益。原始社会、血缘社会就是上阵父子兵。中国有一句话是同心同德，在上古时代，同心同德的含义跟现在完全不是一回事，德就是指血缘关系，上阵的时候，同心就是有共识；拼上自己的性命维护的，一定是同德的，也就是同一个族系的。它维护"普世价值"的成本是极高的，上阵必须是父子兵，必须有血缘关系才可靠，如果不是有血缘关系的，那得用很高的代价才可以达到同样效果。越往现代社会发展，可能通过工业化的大规模生产就可以维护普遍利益，到了信息社会以后物质的约束越来越少了，给精神以更多的空间。所以维护社会共同价值所需成本的高低，也反映现代化程度。

在第二种情况下，不是同类项，非要说是同类项，成本就要高得多。因为别人不认同，你非让人家认同，就得拗着大家的劲来。拗着来，显然比顺着来成本要高得多。

云计算时候的意义变成很现实的问题了，你去怎么做，在社会层面变得很有意义了。我觉得意义不光是正确的东西，正确的东西你花费多少成本去维护也是一个很大的问题。否则就会出现这样的情况，在云计算的情况下两个国家，一个国家

云之象

用极低的成本和代价维护普世价值，大家个人利益满足的水平就高，我们用国民幸福总值来标识它，个人非常快乐社会就稳定。还有一个国家维护共同价值用了过多的资源，没有更多资源可以满足个人的需求了，如果强硬满足就天下大乱了，这时候个人意义就要受委屈了，就要为社会做出很多牺牲。两个国家一竞争优劣就出来了。云计算会对整个社会结构中用于维系共识所耗费的资源的比重产生重要影响，甚至对何种意义更有价值产生影响。比如，高现代化水平的社会有余力谋幸福，提高国民幸福值，低现代化水平的社会整天只能忙温饱，提高GDP。

国家、企业、个人的云，哪个是主导？

咱们回到谁在控制注意力这个话题。对注意力的争夺存在竞争，里面有国家、商业、个人，至少是这样不同的主体。国家本能的趋向是想凝聚一种社会共识，至于这种共识是否具有普世价值或者维系它的成本有多高，属于枝节方面的问题。商业希望用钱控制大家的注意力，它可能不关心你个体的意义能不能实现，只要钱能赚到就是有意义的。个人的要求与商家不一样，个人要求问：我的注意力投向何方？我的意义在什么地方？不一定是为了钱的意义，也不是为了你们统治者非得要做什么，比如说你拉我去修长城，我可能理解，也可能不理解，我更关心的是把自己的二亩三分地种好。现在云计算总的方向是什么呢？如果个人肯付出注意力，应该给个人的利益更多的空间，最终应该朝着这个方向发展。也就是说一个良好的社会秩序在国家、商业、个人利益的分配上要更加折中一点，不能完全停留在国家那一块。有为而治与无为而治的比重，要适当。无为而治，就是让社会自组织、自协调，让个人自律、自我承担责任。这个比重高了，政府就不像现在这样累了。

商业的云

这里面带来了云计算批判性的想法。现在的云计算希望谁控制注意力？希望商业、企业控制大家的注意力。我们可以明显地看出现实就是这样，商家已经武装到厕所来占用你的垃圾时间，厕所里面都有画来吸引你的注意力。他们吸引你的注意力是因为他想赚钱，不能说人家不对，但是对也要有自己的边界，还要给个人纯粹

更多的信息，更少的……

的私密的空间。每个人都感兴趣、有意义的东西未必就是商业上有意义的东西，比如说现在商业上赚不到钱的事就没有意义了。大量的东西有意义，但是钱上面不一定赚得多。这种东西现在就面临选择了。将来属于微软的云、IBM的云，还是属于分散的云？是个人的、非商业意义的云为主导，还是企业的云为主导？至少不同于现在的主流话语，云计算会把注意力和权力都交给商业？我觉得未必。

云计算会对国家造成挑战吗？

对，刚才我们说到这个问题。对国家挑战有两种情况：第一种情况，同样维护运行的普世价值，一个成本高、一个成本低，这是一个问题。第二种情况，你维护的可能不是普世价值，维护特殊价值造成了成本高，这时候国家和国家之间就产生竞争了。最后以什么分出胜负来呢？凡是维护共同价值成本低的最后国民幸福指数高，因为它能把更多的资源腾出来给个人，满足个人的快乐。

国家如果能利用云降低治理成本，云计算就是机会；不会利用，云计算对它主要就是挑战。

关键在于集中者能否在一定程度上受制于这些分散的个体。换句话说，分散的个体如果有意见、要表达，能不能够传递到这种数据的控制中心，并且迫使数据控制中心发生有利于分散用户的改变，这也就是用户的话语权有多大。

如果说云计算未来的方向是把所有的东西弄到云端了，你变得无能为力了，你怎么用这些东西都被它控制，而你的安全、信任都寄存在它那个地方，如果是这样一种模式，那它不是我们普通的网络用户希望看到的结果。要考察你能不能反制。如果他们滥用你把信息交给云的自由导致你的信息受制于云，那么你只是被施加了另一种控制方式而已。

悖论在于，人人都需要隐私法，但是人人都不需要隐私了。要想回到有隐私的时代也不可能了。

公众知情权和隐私的界限是一个很重要的问题。不同人有不同的隐私度，有绝对隐私和非绝对隐私。

云计算既不是集中模式也不是分散模式，实际上是一种中间的模式。

云会集中还是分散？

云会集中还是分散？

云与钟

  云计算的特性带来了对另一个问题的思考：它是一种集中的模式还是一种分散的模式？我记得段永朝写了一篇文章让我挺受启发，关于云和钟的问题。在他的《碎片化生存》里面也谈到了对云是什么的思考。云是什么呢？这里面有虚拟的成分，有共享的成分。云到底是分散的还是集中的，我觉得现在有很多不正确的引导，尤其很多大公司，我看到很多说法，认为云会加强集中统一的趋势，比如说数据的集中统一，各种东西的集成。我对此产生了很大怀疑。

  当时段永朝也提出这个问题，钟就是集中控制的模式，这来自于波普尔当时的一次讲演。波普尔正好就在说云和钟是两种模式，正好也说到了云，云是代表分散的模式，钟是像瑞士钟表似的，非常集中控制、机器化的方式。云计算是云这种模式占上风还是钟这种模式占上风，有人认为大公司正在引导朝钟就是钟的方向走，我对此持保留看法。不是所有商家都认同这种看法，但至少有一些主流商家在往这个方向引导，包括给云留下了各种各样的尾巴，包括微软对这个问题的引导也值得商榷。

  段永朝提出一个观点比较好，要警惕有的人利用云计算，最后又想像钟一样把世界变成集中控制的，像钟表一样由某种权力中心控制的世界。和过去有什么区别？过去说老百姓为什么要听我的，因为我是你们的衣食父母，我们把你的吃穿住用资源高度集中在我这儿，我来统一调配。上个世纪60年代我听说过那样的事件，老农民被饿死在粮库旁边，他为了把粮库看好宁可把自己饿死。就老农民来说他肯定是道德很高尚的人。从运行模式来看，粮库是中央集中控制的，不能根据每个地方的具体情况去配置，宁可节点上的人饿死了，也得牺牲这个局部为中心服务。

  现在云计算出来以后会是这样吗？我觉得不是，有可能数据向某种数据中心，包括像谷歌这些的存储中心集中，大的服务器仍然有可能成为计算中心。原来说大服务器过时了，都走向个人电脑了。现在随着云计算的兴起，这种大服务器好像又热闹起来了。这是不是意味着将来有一个中央控制呢？我觉得恐怕不是。我觉得最后会走向统一和分散结合的模式。集中计算并不等于统治的模式，而且不等于中央控制的模式。我觉得这是在云计算中需要重新认识的。

云之象

集中可能带来个人权力的丧失

我觉得还有一点必须考虑到：完全分散是不现实的，因为它不符合人类社会行为一些重要的方面，我们总是需要组织才能干事。一定数据的集中肯定是会存在的，我觉得问题的关键在于集中者能否在一定程度上受制于这些分散的个体。换句话说，分散的个体如果有意见、要表达，能不能够传递到这种数据的控制中心，并且迫使数据控制中心发生有利于分散用户的改变，这也就是用户的话语权有多大。如果说云计算未来的方向是把所有的东西弄到云端了，你变得无能为力了，你怎么用这些东西都被它控制，而你的安全、信任都寄存在它那个地方，如果是这样一种模式，那它不是我们普通的网络用户希望看到的结果。需要考虑能不能反制。如果他们滥用你把信息交给云的自由导致你的信息受制于云，那么你只是被施加了另一种控制方式而已。我觉得要考察能不能反制的问题。

个人信息的泄露

现在每个人的个人信息，包括你的性别、年龄、身份证号、手机号其实都没有隐私了。我们实际上生活在一个透明化的时代。另外一方面我们又要追求个性化，需要保护自己的东西，需要有个人的意义。如果所有的信息都跑到最集中的地方管理，我们怎么样去追求个人的意义呢？

举例来说，现实生活中也有这种问题，比如说妇产医院只要生过一个孩子，没有几天向你推销的人就来了，这就是信息数据被泄露了。包括支付信息，只要你支付一次，到什么网站去了都有记录，在哪儿花钱了都有记录。反过来说，这个东西一旦被别人利用，直接管理支付的人可能不对你造成伤害，但是他一倒手把信息卖了。我们看到很多银行卡这些东西都是把数据托付给一个集中控制中心，最后导致了一些信息泄露的问题。

当然，不允许个人信息商用，更不是方向。将来个性化成为主流，就要基于对个人信息的数据挖掘。问题的关键是控制权在谁手里。一个原则是，被服务者要拥有在开发利用个人信息问题上"被服务，或不被服务"的选择权。

云会集中还是分散？

完全记录的时代

网络公司搜集个人信息。比如说我去当当网买书，它根据我买的书来推测我有什么偏好，它给我一些建议，这倒也可以，没有什么不好的。如果像那种情况，比如说它根据你的一百封邮件来判断你，给你画出这个人的基本状况，这就比较可怕了。谷歌和Facebook都能这样做，现在受到法律限制了。但是中国可能走得通，中国对隐私权保护得弱。但是它有好几层防火墙。个人信息开发不像你们想象的那样，首先它不许直读，不许拿着你的信直接读。机读是什么意思呢？把你的词取出来，但是不知道你信里在说什么。也就是不知道个人，知道集体。

它分析你的形容词占多大比例，分析哪类词汇占多大比例。将来还有一点，不只是邮件，你将来的支付会在POS机里面留下记录，你以后刷卡，每一笔买卖都是行为记录，这是文字记录。还有一种记录是空间记录，就是所有的传感器，比如说每一块石头都能对你产生反射了以后，一个人选择的路径都可以记录。所以说你的行为是被完全记录的。

"隐私已死，隐私万岁！"

是这样的，中国没有成文的个人信息保护法，没有办法制约商家，没有法律的约束，但即使有法律，根本的问题也解决不了。我觉得关于隐私的问题有一个终极的悖论。我们人人都希望有隐私法，因为我们烦这些垃圾信息，一个是烦，还有就是个人隐私的泄露可能造成威胁。然而，悖论在于，人人都需要隐私法，但是人人都不需要隐私了。说英语的人经常会说一句话"隐私已死，但是隐私万岁！"，要想回到有隐私的时代也不可能了。

根据联系频率自动生成好友，而且不经我同意让所有人都知道

隐私权是云计算的一个有很大争议的地方。包括谷歌这种公司，它说它的哲学是

云之象

不作恶。第一，你能不能真的信任一个获得了如此多个人数据的公司，即使它奉行不作恶的哲学；第二，谷歌经常也干愚蠢的事，比如说它出了一个Google Buzz，是集成在Gmail中的有一点像Twitter的工具。一开始它推出这个东西的时候，好友的生成是自动的，因为它有一个假设，你在Gmail里面跟你联系最多的人一定是你的好友，加好友的时候它把这些名单直接复制为你的好友。这就造成两个问题。第一个问题是很多人不愿意让人知道我跟谁是好友，比如说我和奇平是好友，但是不愿意向全世界宣布我跟姜奇平是好友。第二个问题，跟你联系多的人不见得是你的好友。它一开始出这个产品马上引起了轩然大波，无数人攻击它，包括有一些美国消费者对它提起集体诉讼。谷歌一再承诺要保护消费者的隐私权，同时谷歌还是一个认识到不做好隐私权保护，品牌和生意会受到巨大影响的公司，所以它并不是纯粹地搞噱头，但它还尚且如此，其他公司可想而知了。

公众知情权和隐私的界限是一个很重要的问题。不同人有不同的隐私度，有绝对隐私和非绝对隐私。比如说购物偏好这算不算隐私？有人认为是隐私，有人认为不是隐私，这个东西可以不可以利用，都跟将来的模式有关系。

香港就在调查谷歌泄露隐私的问题，已经当做法律问题提出来了。这里面是模式的问题，还不是主观意愿的问题，比如说就算你没有主观意愿，还有黑客攻破系统的可能。你的数据集中在里面，如果架构本身有问题，一旦数据泄露，后果非常严重。

什么时候网络能像贴身管家？

但像谷歌这样的公司有一种好处是满足了人的另外一种需求，因为谷歌最大的优点是智能化，信息累积之后可以通过分析信息给你提供你想要的解决方案。很多人有这个需求，他觉得你那么了解我。比如说尼葛洛庞帝当年说，最好的电脑像英国的管家一样，他知道你要什么服务，很贴心，要什么东西还没等你说他立刻就给你了，我是主人，他是管家。消费者特别满足，很多人有这种需求。

从语义互联网到语用互联网

对，这是下一代互联网的特征，我们现在的特征是语义互联网，下一代就到了语用互联网，语用就是上下文。它只要锁定一万封邮件，你的日常习惯、你的用语就可以透露出自己的语境以及环境，你是一个什么样的人。通过这个可以给你提供个性化定制。比如说一看这一万个邮件里面整天讲描眉画眼的事，可见得这是一个女性，可能是化妆品的潜在顾客，所以它会给你发化妆品的广告。邮件根本不需要一封一封地读，而是用机器进行词汇级的分类与统计分析，如果你的邮件词汇主要集中于武器炸药这个类别，有两种可能，一种可能是你是军事爱好者，还有一种可能是你是恐怖分子，你对化妆品的广告就不感兴趣。它通过这种东西了解了你的信息，这实际上是一个两难的问题，人既希望有贴心的服务，但是又不希望个人偏好被了解给自己造成很大的困扰。

比如说最近有一个女孩子被强暴之后，她在公安局所做的笔录被公布到网上了，这就严重地伤害了人家的隐私。按说到了这个地方应该是受严密保护的，最后还是被别有用心的人把应该受到保护的东西放到了网上。这个度怎么把握，应该怎么去弄，将来云计算就会带来这个问题。数据集中可能带来很多问题，这就促使人们探讨云到底是什么。一种人说云就是集中，把什么东西都集中到我这儿来，我来管理。还有一种是完全分散的模式，我倒觉得有可能变成统和分两个结构，一个方面是数据集中，还有一个方面是高度的分散，是两者相结合。分散的办法，比如可以将个人信息存在U盘或手机中，各人的"黑匣子"由各人分别保管，用的时候接入公共系统。如果我想买鞋，这一次接入就只开放跟买鞋有关的私人信息。

云计算，集中乎？分散乎？

从云计算发展的实际角度来讲是这样的，我觉得集中更多是跟成本相关的，相当于合并同类项。大家都要做的事情适合于集中去做，比如说不必每个人都去设计一个软件，每个人都去设计一个平台。集中起来，我替你做了大家都要做的重复的事情，比如说不需要在本地存储，不用每个人都准备硬盘。但是我认为增值这一块，涉及个性化增值方面的控制权恐怕还是在终端。从这个意义上来说，实际上集中分散的问题是控制权问题。

我认为这个控制权应该是分开的。过去或者集中或者分散，没有中间道路可选择。

云之象

我认为云计算将来并不像现在有一些公司说的会把控制权交到大公司手里，而是对这个控制权进行一半对一半分开处理。很有可能把一些非敏感的、共同的，属于节省成本的这一部分交给云计算中心，真正比较敏感的，属于增值的、多元化的这部分的控制权还应该在本地。

云 + 端

分散的模式跟微软的概念还不一样，微软提出一个什么概念呢？微软把云叫成云加端。它为什么加上"端"呢？云计算将来既有后端服务器的方面，又有用户客户终端，但是它和我说的这个还不是一个概念，它说的端是客户端卖软件，实际上还是用授权使用软件的方式来发展终端。它想拿这个东西来对抗IBM和谷歌的做法，就是开放软件源代码的做法。源代码开放造成的是更加分散的局面，每个人都可以搭载在上面分享资源，但控制权还在自己手里。如果是微软这种模式，看起来是集中和分散兼顾了，但是公司还保留对终端强大的控制权。所以它叫云加端。后来它把软件即服务（SAAS）说成是软件加服务。这个话里有话，它的意思是什么呢？软件即服务的意思是说软件不收费了，靠服务收费。微软的意思是软件也要收费，服务也要收费，所以它是软件加服务，而不是软件即服务。微软说我既要控制集中的计算部分，还要控制分散的计算部分；IBM强调我可以给你集中某些方面的服务，而终端是不需要按许可收费的。

我觉得开放模式更好一些。微软这种模式控制的程度更高。它是两边都要付费，即集中的部分和个人的部分都要向它手里交费。它靠的是路径依赖，以此建立自己的商业模式。它在中国的收入95%是靠打击盗版，在过去是来自于软件授权。如果它要实行软件即服务，软件不要钱了，那岂不是完蛋了？对于Linux就不存在这个问题。像IBM和谷歌不靠软件授权获得收入，而是靠服务获得收入，这种模式会更加开放。我觉得将来云会向这个方向发展，实行在平台基础上的开放。平台可能集中，但是它会开放，这一点与过去的集中不同。过去的集中是什么呢？过去是集中而封闭，造成了很多的问题。

每个人都可能拥有瞬间的最大影响力

实际上看最新的互联网发展，最近炙手可热的不是谷歌，而是Facebook和

云会集中还是分散？

Twitter，这两个是现在最炙手可热的互联网应用。这两个应用就完全是开放平台的形式，它也包含大平台的概念，但是它把API接口全部开放，第三方的开发商可以在上面做各种各样的事，只要你有一点编程能力、有一点创意就可以在上面开发一个软件，哪怕没有多少人在用。Facebook和Twitter都是用这样一种模式获得了无与伦比的增长力。

奇平可能讲的更多的是一种商业模式，现有的大众玩家怎么看云计算这个东西，它企图把将来的云计算纳入到它所希望的轨道当中。我可能更多是讲小玩家。比如说以Twitter为例，它是一个人与人之间联系的群体，它是一个网。你可以说它的数据都在云所在的那个地方，但是Twitter有一个巨大的特点，每一个人在某一个时空、某一个节点上可能拥有整个网络。为什么这样说呢？Twitter整个的成功模式体现在一个人的言论在短时间可以呈几何级数扩散。比如说我现在有8,000的关注者，这8,000人有他们的关注者，就变成这样的梯度，你有梯级的影响力，一个信息片段可以迅速地传播到整个网络。刚才奇平讲到某一个时段可能全体的Twitter用户都关注一个事。每一个节点都有机会因为传播某一个信息从而在整个网络里面拥有瞬间的最大影响力。这可以称为一个人在某一个时段可能拥有整个网络。这个价值蛮大的。原来你觉得网络这个东西这么庞大，你怎么会有这么大的影响力呢？实际上你在整个网络当中是一个渺小的节点，但如果一旦发现有瞬间拥有整个网络这种能力，就会造成一种全新的个人世界观，你会发现在这个世界上我是有价值的，这个世界承认我的价值，而且这种价值是我创造并且予以分享的。这种时候你的自我变成了一个放大的自我。

重新定义的"大我"

大我的含义完全变了，过去说的大我有由社会权力中心来掌握的，但是在云计算中小我可能在短期内变成放大的自我。这是不是一种极端自我？不是，他要想获得别人的响应就必须和别人产生共振，他就不可能完全以自我为中心。说实在的，能够产生共振的东西才会产生大我的效应。我觉得这种现象有一个案例可以说明。过去做营销要花很多广告费，需要在媒体中心大规模传播，火狐创造了一种新的下载模式，纯粹是口碑相传的。它创造了一个概念叫下载日，找了一些博客进行传播，通过博客传播试验了一下结果，在下载日那一天有800万的下载量。换句话说，它的传播量从发动到最后产生结果不过是半个月时间，产生了800万个下载的响应。这就是小我共振放大，不同于大众媒体模式。

云之象

还有一个例子，有一个人做了实验，找了招聘机构，来的不过是20到30个人。后来他发现通过博客传播信息一下找到了想要的人，这个范围非常大。这是通过一个节点瞬间放大，达到了这种效果。还比如开心网，开心网找了一些新闻媒体，让记者先使用，因为记者的传播能力比别人强，觉得这个东西好，大家一夜之间就移车、偷菜，很快就传播开了。这不是按照传统的集中控制模式，而是由一个节点，把自己的小我瞬间突然放大成大我了。

可持续的分散

这就是一种可持续的方式，比如说病毒传播、口碑传播，完全在中央控制之外，但是变成了反复出现的现象。像Facebook这些都是有这个特点的，它里面的这种病毒传播、杀手应用往往就具有这种将局部放大为全局的特点。

我发现在商业模式里面，就有杀手应用这种放大的特点，比如说QQ。按说QQ不是正规的作战，而是局部的应用，但是瞬间爆发，成为上亿人使用的东西。战术的东西产生了战略的效果，由节点的东西产生了全局的效果。以往不是这种模式，一定是掌握了巨大资源的人从中心开发，然后用阵地战作战的方法普及开来，但是那个成本非常高。

自组织、自协调是云时代的特点

与云计算的集中和分散相关的是无组织的力量。我觉得我现在对这个问题挺困惑，这涉及对历史上的无政府主义怎么看。

对无政府主义我们过去有错误的理解。比如说我小时候上课，有一次写自我评价，每个人都要列举自己的缺点，我列举说我有无政府主义倾向。我们班主任说："你怎么了，这么严重？"我说："老师说了不许交头接耳，我上课忍不住，还是交头接耳了。"老师说："这不算无政府，只不过是无纪律而已，不要给自己扣大帽子。"最后我就划掉了，但是我自己心里还不服，我觉得无政府主义就是指这个，上课瞎说话。后来长大了以后，再看无政府主义的原始文献，不是这个意思，而是强调无政府但有组织，这个组织不是让政府来组织，是社会自组织、自协调。在工业化时代需要政府组织的时候强调无政府主义确实不合时宜，但认为在政府组织之外，社会可以自组织、自协调，却是超前的。

云计算就是强调了自组织、自协调的功能，比如说人人时代无组织为什么能组织在一起？因为有自协调功能，自协调一定不是中央政府去组织协调。过去分散的地方是不能自组织、自协调的。现在到了云计算的时代，从技术上说不存在障碍了，又会有这个问题了。这个东西产生的困惑是将来会不会产生无政府主义？每个人如果都是自组织、自协调的话，将来社会会不会整体协调，无为而治？

当然，无政府主义也可以同政府并无矛盾，政府管政府该管的事，社会和个人忙自己的事。现在是政府管了太多管不好、管不了、不该管，而本可以由社会自组织、个人自协调的事，云计算其实并非真正的无政府主义，而是让社会、个人分担政府管不过来的事而已。

从大国对峙到无数小地方的热战

我认为是这样的，我们现在所说的无政府主义某种意义上也是一种比喻。因为无政府主义曾经是一种政治思潮，还有人以无政府主义的名义搞暗杀什么的。我们在比喻的意义上讲这个东西。我的理解是这样的，云时代强调自组织。自组织有一个大的问题在于这个社会可能会巴尔干化，变成无数的小群体，小群体之间可能互不来往，甚至互相敌对。可能有很多历史的仇恨无法抹掉，文化的偏见、种族的偏见无法抹掉，最后大家不再是大国的对峙，变成无数小地方的热战，会变成这种情况，这种巴尔干化也是很可怕的。

举例来说，其实人都是这样，人都有一个趋向，喜欢找自己的同类说话，最后在小圈子里面会趋同。他觉得他没看到世界上别人有什么意见，因为他根本无视其他意见，你跟我不和，我根本不跟你聊。

云之象

既有团结型资本又有桥接型资本的
社会才是健康的

互联网可以抓住这个趋向，让你无视其他的东西。但是我觉得自组织本身有价值，价值在于它能产生社会资本。社会资本可以从两个层面来理解。有两种社会资本，一种是团结型资本，小圈子里面需要共识，大家通过共识一起来做事情，这实际上是很好的，可以做成很多事情。比如说一群人狂热地喜欢环保，他们可能在这种意识驱动之下做很多环保的事情，这产生了一种东西叫团结型资本。我觉得团结是个非常好的词，过去被政治力量用滥了。你仔细想一想，团结就是加强群体内的纽带，无论是情感的纽带还是理论的共识，最后导致你能产生有益于社会的行动。

但是在社会资本当中仅仅有团结型资本是不够的，可能导致刚才说的巴尔干化。还需要一种东西叫做桥接型资本，致力于在所有的团结型资本聚集的地方架设桥梁，在甲与乙之间、在A与B之间、在东与西之间架设桥梁，否则这个社会会变成无数的断层线，一条一条彼此平行，没有东西能把大家连接起来。

所谓Internet，这个net之间要有inter。

这种桥接型资本构建的难度大于团结型资本。团结型资本就是小圈子，互联网技术给形成小圈子造成很大的便利，在传播学上我们叫回声室效应，你觉得自己声音特别大，声音大的原因在于你在一个房间里喊的回声非常大，你以为真的是全社会的人都向你回应了，你就会有幻觉。实际上是这个房间里的人本来就认同你。

这种东西会有效地加强联系，但是我们也必须看到互联网也提供了桥接的可能。好比Twitter这种东西，直接可以拿来进行各方面的应用，包括对话、讨论，只不过你要意识到如果你从事桥接型资本的建构有可能要有更多的前提建设，因为你有可能掉到断层之间的陷阱里。中国过去说不三不四的人可能真的是两边都不讨好，激进的人会认为你太保守，保守的人会认为你太激进，东方人会认为你太西方，西方人会认为你太东方，然而，嫁接保守与激进、东方与西方这种事情如果没有人做的话，这个世界就会四分五裂，所有的传播就真的变成碎片化。

对这两种类型的社会资本，如果我们举例来说的话，马丁·路德·金应该算团结型资本；而甘地就属于桥接型资本，老想把印度四分五裂的群体联结起来。如果从中国历史上来讲，晚清有大量的第一次睁开眼睛看世界的人，他们有一些人是很悲剧的，

云会集中还是分散？

比如说郭嵩焘。他是中国首位驻外公使，代表国家出使英国，士大夫却辱骂他"不事人而事鬼"，视其舍父母之邦而赴蛮夷"犬羊之地"，形同流放或做人质，湖南乡试诸生甚至要捣毁郭家住宅。郭嵩焘在英国将自己的见闻与感想记录下来，写成《使西纪程》一书，大声疾呼全面学习西方，后来被守旧派攻击得非常厉害，就连其密友、湖南名士王闿运在《湘绮楼日记》中，都甚至认为嵩焘"有二心于英国，欲中国臣事之"。他是属于典型的桥接型资本，但是从个人来讲是很悲剧的。

一个比较现代的例子，非常有意思，云南省委宣传部的副部长叫伍皓，在这一类官员中首开微博。伍皓试图要搞所谓的"新闻新政"，懂得现在的政府面对互联网时代要改变过去的宣传思路。大家都"躲猫猫"的时候他到凯迪网上用真名跟网友去辩论，还开了微博，直播自己的所思所做，所以造成他在互联网圈子里知名度非常高。与此同时，这个人引起了巨大的争议，很多人认为伍皓是一个非常伪善的、为自己捞取政治资本和喜欢作秀的人。所以对于伍皓有一个最恶毒的攻击就是叫"伍皓，字毛"，就是说伍皓是最大的五毛党。

我觉得伍皓做的事情是他看到了今天官与民之间存在巨大的鸿沟，他企图做一些桥接，这对于他个人来讲风险是很大的。我现在不去推测他的动机，我个人坚决反对用动机来考量人，因为动机这个东西存在于人的头脑之中，无法推测这个人的动机是高尚还是凶险，那叫诛心之论。不用考虑伍皓这样做是什么动机，只是从他的行为和后果来考量，我们发现任何人当他企图做桥接的时候要有足够的风险认识，意识到你可能会两边都不讨好：或者被网民唾沫淹没了；或者官场说你完全破坏了官场的规矩，官场的潜规则不是你这样来玩的，官场都是尽可能不透明的黑箱子，就你逞能，你出风头，显示你清明的官风、官派，最后的结果是你可能在官场混不下去了。

社会资本就是关系＋信任，或者节点＋连接

社区的机制其实就是这种例子，我发现这里面提供了一个新的观点，深化了集中还是分散的主题了。过去或者是集中，或者是分散，是二元对立的。社会资本是什么呢？我认为社会资本恰恰是介于集中和分散之间的东西，我觉得它还是一种所有制的改革。社会资本按照现在的定义是关系加信任，实际上是节点加连接，我们过去或者强调节点，或者强调连接。社会资本和过去说的公共产品是有区别的，过去说公共产品一定是由政府以集中的方式来提供，大家用纳税人交税的方式来维护集中的部分。

云之象

每个人怎么办？每个人有专有资本：我圈一个院子，这个院子是我的，你进来我一枪把你打死，院子外面的我不管。是这样两种极端的模式。社会资本是什么呢？是你中有我，我中有你，既有桥接的特征，可以分享资源，这种资源分享又不破坏个人或者节点的专有。举例子来说，信任这种东西可以在两者之间共同分享，不能说分享了之后信任就减少了。跟面包不一样，面包是我吃一口这个面包就减少了，肯定是越吃越少。社会资本的特点是越分享越多。这一点和公有不一样，公有是越分享越少，比如说原来的大锅饭不叫社会资本，虽然是大家一起共享，因为大锅饭越吃越少，最后吃没了。社会资本有一个特点，越分享越多。

网络上有一个近于社会资本的原理，就是梅特卡夫法则，它说网络的价值是节点的平方。因为社会资本又可以叫做社会网络，如果对社会资本进行价值评估的话，节点越多，互相的连接线越多，价值越高。我们现在不是社会主义就是资本主义，没有一个社会资本的主义。实际上社会资本的主义既不是公有制也不是私有制，我觉得云计算将来会往这个方向走。历史上表现为什么形式呢？社区自治，也就是公社制。比如说原始的公社，原始公社是靠关系加信任，但是它是比较低级的用血缘维系的。后来工业社会有人发明乌托邦，乌托邦本身就是大家共享资源的公社体制，介于社会和个人之间的，是自由人的自由联合。这本来没错，错在什么地方了呢？错在这种公社找错了共享的对象，去共享不具共同消费性的物质资产和生活资料，结果演变成了公有制。这种公有制是建立在落后生产力的基础上的。

今天社会资本转换为什么形式了？转换为基于先进生产力，即信息、知识这类具有共同消费性的事物，比如SNS中大量的社区和圈子。我觉得它会在协调集中和分散之间起作用，每个人可以分享它，但是不耗费分享的资源。这是不同于公有制，但比公有制更先进的地方。将来云计算很可能往这个方向发展。大家都可以共享，比如说后台存储计算，或者说像水力、电力一样都可以来分享，但是并不因此减少了它的价值。后面我们谈到智力的交错的时候就会有这个现象。

这给我一个启发，未来云计算未必带来一个极端分散的模式或者是极端集中的模式，有可能出现中间态。也就是说这个权力既不在国家那儿，也不在个人那儿，可能在社会这部分自组织、自协调。不等于说将来国家不重要了，国家管理的是公共事务，是大家真正合并同类项的事物，那一部分不一定是越扩越大，有可能是越来越小。历史将证明，社会发达的一个重要标志是，物质公共产品在总财富中所占的比重越来越少，共享转向具有共同消费性的事物。这是生产力决定生产方式转变到高级阶段的必然。

云会集中还是分散？

基于云计算的社会资本的主义

我认为会出现基于云计算的社会资本的主义，但它不是一种政治制度。社会主义和资本主义都是第二次浪潮，社会资本的主义是第三次浪潮。当然以前也有社会资本的主义的萌芽形式，但是第三次浪潮为它提供了真正的技术支撑平台。刚才举的是政治例子，我举几个商业的例子。现在出现了网上生态性和虚拟企业，其实已经有桥接作用了。

发育中的商业自组织

这个桥接作用主要体现在哪儿呢？以阿里巴巴为例，对阿里巴巴来说，中小企业创业这件事跟它没有关系，创业过去是政府负责的事，它只管经商。为什么这个事现在跟它有关系了呢？因为它做生意本身的对象就是创业群体，如果大家都失业了它就得关张了，这时候它必须起到一种桥接的作用。大家看起来好像阿里巴巴是在做公益，但是马云自己说我可不是做公益，我如果不做这个好事自己可能就完蛋了，所以阿里巴巴开始把充当桥接当做商业模式来经营了，所以这里就产生社会资本了。过去按照专有资本的逻辑我只投在阿里巴巴这个院子里，院子外面的这些人虽然是我的上下游，但是他是死是活跟我没有关系，甚至我们是竞争关系。但是现在他们跟我不是竞争关系了。我为什么要给他们投入？因为网民越多、店主越多，我的商业模式就越来越红火。阿里巴巴是为了这个。过去我们把这个叫企业社会责任，现在发展到社会企业了。社会企业是两种所有制的混合，就是网络资本和节点资本的混合体。直观上反映出来的是这个企业不仅要在自己企业里投资，还要投资给跟自己没有所有制关系的那些人，因为它自己的生态环境恶化了之后自己的生意直接就劣化了，它为了赚钱的目的不得不桥接。

举例来说，诚信环境营造按过去观点应该是政府的事，但现在，网上的社会信任、不信任跟阿里巴巴的死活直接相关了。对于阿里巴巴来说，它不做诚信认证，生意就没法做，到处都是假货，就把自己生意给砸了。它被迫做公益，管一些过去在人们看来根本不是企业该管的事，它去提倡诚信环境就是建立桥接了。这个事本来是政府来干的，不是企业来干的，它现在做的是一种边缘业务。做这件事的动机是为了自己，自己是网络企业，离开网络没法生存，所以它这样做。

云之象

使社会拥有权力

所谓社会资本的主义对完善社会政治制度的意义就在于，过去权力只有两种，一种归国家，一种归个人，社会是没有权力的。现在要让一部分权力归社会。国家、社会、个人，整个这样的社会结构完善起来就不会发生像泰国那样的大乱了。泰国除了国家就是老百姓，没有中间阶层。

我觉得泰国这个事对中国是一个很大的警示，我也写了一篇文章。核心问题是什么呢？你要形成某种社会自治的机制，不能什么都是政府管，政府要把管不好、管不了、不该管的事交给社会去做，政府也支持这样的做法，互联网正好支持社会自组织，在这个过程中发育出社会资本，这时候这个逻辑就通了。

为什么阿里巴巴这样谈云计算呢？它的意思是说我给上下游创造一种云计算的环境是为了分摊它们的成本，不要一个个都用专有资本的方式，自己建厂房、立烟囱，我今天给大家干好了这个事，你回头给我一个轻微的租子就可以了。其实它已经在起桥接作用了，为此它必须发育网络的关系，提升信任。信任起什么作用？跟以前的模式有什么区别？过去律师的模式是摩擦费用非常高。对阿里巴巴来说信任就是润滑剂，它能降低社会的摩擦力，降低社会的交易成本，这样做生意比每个商家使用专有资本的成本要低得多，这其实是云计算真正能够给社会带来利益的地方。它既不是集中模式也不是分散模式，实际上是一种中间的模式。

中产阶级在草根和政府之间起缓冲和润滑的作用

如果中产阶级起来了以后有一个好处，有一个缓冲，它把草根阶层的意愿过滤一下，过滤成为一个可以凝结的共识，上面也得托它一下，这样社会就出现和谐的气氛。

中产阶级有一个重要指标我们忽略了，就是它的自组织能力。从收入来说似乎发育出来一个中产阶级。但仅以收入一项不构成判定中产阶级的充分条件。我看到一个非常可笑的调查，印度认为自己都是以中产阶级为主的国家了。用中国的收入水平衡量，如果说印度那个水平就叫中产阶级的话，中国满大街都是中产阶级了。我觉得不能用简单的收入来看中产阶级是不是发育了。中产阶级的社会功能是要进行上下缓冲，上下缓冲取决于你是否有自组织、自协调的能力，这才是最主要的。

我觉得中产阶级还没能承担起它重要的社会责任，它没有起到社会缓冲带的功能。比如说从两会代表来看，我听说一个两会代表说我不会提议案，但是我可以给你理发，因为我的专业是理发，然后他挨个为两会代表服务。选民期待你的是你的代议的功能，而不是你理发的技能。还有一种情况，他不去监督政府，反而在网上开了一个博客跟网民吵起来了，专门提让网民最难受的建议。比如说把网吧收归国有，他在替谁代言？中产阶级除了自组织功能以外，实际上还有一种功能，这个功能就是代言。代言就是在上下之间进行一种缓冲，这样来实现社会和谐。因为没有中产阶级的话，这个社会的草民就会出现革命和暴动。分析美国和泰国社会，美国社会一人一票，但是它不选择社会主义。为什么呢？因为如果分光吃尽的话，倒是符合草民的利益，但是别人会给你算另外一笔账，从分光吃尽的部分中拿出一笔来进行投资，解决你的就业问题，你干还是不干？这时候老百姓就明白了，不是说草根的意识越强越好、分光吃尽越彻底越好，当他们面临失业的时候，就能体谅这些中产代言人说的是有道理的。

泰国不是这样，泰国中产阶级发育得不好，一旦一人一票以后，结果一定是号召分光吃尽的人成为领袖。这个国家的人口中农民占了70%，有70%的选票说看你们谁给我的好处多，这时候只要有一个领袖说，我带领你们连贵族带大资本家全部分光吃尽，你们跟着我来吧，所有红衫军就跟着去了。这说明什么呢？在美国有中产阶级就不会是这样一种方式，它的代言起到过滤掉分光吃尽主张的作用。我认为我们现在代言的代表们素质有待提高，他们素质的提高其实是有利于社会和谐的。

橄榄形与倒丁字形

我们看中国的社会结构，很多人以为是橄榄形的，实际上不是的。有一个说法叫倒"丁"字，尖端的那一点是精英，庞大的是草根，中间没有缓冲地带，一种危险的社会结构。

至于说中产阶级这个问题，我的看法是我觉得中国是一个三明治社会。中产阶级是被夹在中间的，一边是很有力量的当权者，下面是那些很没有利益，但是充满了悲愤、绝望、暴戾的底层。中产阶级被夹在这样一个地方，导致他们特别难以作为。

云之象

他们的人数在萎缩，可能少部分人会往上走，中产阶级变成既得利益的统治者；另外一部分人会向下流动，随着社会的两极分化，他原来的东西也不能自保了，他自觉地认为自己也属于草根，不属于所谓的中产阶级。人数本身在萎缩，这个萎缩不见得是统计学意义上的萎缩，不是衡量个人收入、教育程度、社会地位等之后获得的认知，更多的还是一种个人的感觉。他自己不把自己当成中产阶级，他觉得我不是中产阶级，我仍然是赤贫。所以在这种意义上中产阶级的人数会下降。

另外有一个很大的原因是中产阶级始终没有形成群体意识。没有形成群体意识就不能够在这个社会里集合地发声。我们现在改革30年了，按道理来说改革的结果是中产阶级越来越庞大，这个社会变成一个良性的社会。现在大家都在争先恐后地说我不是中产，因为我够不着中产的标准，因此也没有中产的意识。我觉得这是改革值得反思的一个地方。

让社会体制也发育起来

我们有一个不太好的现象。如果要发育应该把社会体制发育起来，但是现在我们的民政部门倾向于从严管理社团。

实际上社团这种东西只要引导好了对社会和谐是一种巨大的力量，发育的是社会自组织、自协调的力量。好在我们在商业自组织里面还是比较鼓励的，比如说网络企业。网络企业可能把数亿的网民用自组织、自协调的方法管理起来了，这时管理好的话就产生一种人人组织的模式。从社会的角度来说就是鼓励结社自由，这是很重要的。想成立一个社团只要合法地去注册就应该能成立，现在是不让你成立，这方面一定要松绑。

如果多一些企业变成社会型企业

回到奇平讲到的商业部分。我觉得今天的云时代要倡导的是什么呢？我把它叫做社会型企业，指的不是企业的社会责任，企业的社会责任是老生常谈，企业赚了钱应该回馈社会，我指的社会型企业就是刚才奇平举的例子，企业要努力地增加这个社会的社会资本。你增加社会资本不是为了博得什么慈善的名声，或者每年写漂亮的社会责任报告书。其实增长社会资本的本身就能给你带来巨大的荣誉，因为你面临的是这么一个网络时代，从企业和社会两个角度来讲都要有更多的社会性。

企业的社会目标与经营目标

我们的认识要提高，从企业社会责任的问题提高到社会型企业。社会型企业实际上兼顾两个目标，社会目标和经营目标。谈得更深一点，它的所有制都变了，是社会资本和专有资本的混合所有制形态，这约束了它考虑问题时候的优先选择。社会资本这一块它会考虑网络，除了自己企业还要考虑自己企业所在的网络，同时还要考虑自己的经营目标。我觉得这是云计算会带来的一种前景。

既然我们是被无孔不入地全面跟踪和记录的话，我们还能不能做自己？人必须付出多大代价才能做自己？

信息多了以后提高了人的决策成本，过去人们主要的成本是信息成本，现在的成本主要是决策成本，他为了做出选择，决策交易费用骤然提高。

云会造成一种迷雾状态，不过是云是高一点的雾，雾是低一点的云而已，最后都让你一眼看不透。如果不能简化计算，决策是很困难的事情。

穿透迷雾的办法是心里有框架，你心里必须有这个框架，没有这个框架就做不了自我。

在不同的自我之中能够自如运转，还能保持自己的一致性，这种人就是网络精英。网络是人性的绝妙的实验场。

云计算时代能不能活出自我不仅和自我有关，还和认同有关，人要寻求一种同环境的协调。

在复杂的条件下获得的满足总量和在简单的条件下获得满足的总量是不一样的。

信息更多能提高生活质量吗？

信息更多能提高生活质量吗？

人必须付出多大代价才能做自己？

既然我们是被无孔不入地全面跟踪和记录的话，我们还能不能做自己？人必须付出多大代价才能做自己？

按照索尔仁尼琴小说里的写法，人就做不了自己，因为虽然你看上去是一个单独的人，但实际上有很多脉络。这个脉络可能是隐性的，比如说这个人作为一个父母的身份，联系他的子女、联系他的上一代，作为社会人，联系他的同事和朋友，很多线是只有你自己知晓，对你而言具有重要价值。如果把一个人的所有的线全部暴露在社会的强光灯下的话，就像猎鹿的时候，你给一只鹿一束强光，那只鹿当时就傻眼倒地了。因为这束光一照，它当时就手足无措，发现自己不知道该怎么办，这时候猎人一拥而上就把鹿成功地干掉了。

人类第一次大规模利用这一原理的是朱可夫。朱可夫在攻克柏林的时候想了奇招，把所有的照明灯一下投向德军阵地，德军那时候完全傻眼了，就感觉突然成白天了，自然界好像发生变化了，瞬间大脑空白了一样。

决策之难，靠什么穿越云雾？
——拿破仑的启示

这个问题我从商业的角度讲，美国出了一本书叫《选择的悖论》，里面说，过去都说信息越多越好，作者提出反论，认为信息多不一定好，信息多了以后反而无从选择了。

我觉得确实有这种感觉。我喜欢睡懒觉，有一次七点钟的时候女儿哇哇大哭把我吵醒了，这种现象不止出现一次。后来到第二次、第三次的时候就问她怎么了，她说衣服太多了，不知道穿哪件上学，可是时间紧迫需要在十分钟之内做出选择，大人

云之象

又在催她,她自己做不出决策。开始第一次我没有注意为什么哭,总是这样吵我,有一次我问她哭什么,她说我不知道要穿哪件衣服了,因为醒来以后马上要上学,时间十分有限,她妈只给她十分钟挑衣服,如果没有衣服的话她随便拿一件就行了,但是面对满橱柜的衣服,她挑不出来就哇哇大哭。

《选择的悖论》的作者探讨选择多了好还是不好。他得出结论是不好。为什么呢?选择多了以后就没法选择了。信息多了以后提高了人的决策成本,过去人们主要的成本是信息成本,现在的成本主要是决策成本,他为了做出选择,决策交易费用骤然提高。

这时候出现一个很大的问题了。首先从理想状态来说,如果没有决策成本,一个人选择变多,他当然是比过去更好,因为他可以没有成本地了解我是谁,根据我是谁来决定我穿什么衣服。以前没有这个条件,以前就是蓝色、白色的军装和中山装,拎起一件就走。现在选择多了以后按说应该是增加了他的福利,可以更加个性化了,越个性化福利越高。

如果考虑到决策成本,情况就未必了。如果没有人帮助他进行选择的话,凭他自己选择,他面临的问题是决策的交易费用过高。过去交易费用只发生在交易里面,不会发生在决策。

这就产生了很大的问题,决策成本问题。历史上只有一个人突破了这个问题,这个人就是拿破仑。当时克劳塞维茨在《战争论》里面讲人类只有一个人面临诸多选择的时候没有挑花了眼,这个人就是拿破仑。拿破仑缺乏书本知识,所以他的判断力反而极强,用孔子说法叫"思无邪",不该学的知识他一点没学,该学的知识学到位了。他从小不爱学习,等他掌权之前开窍的时候,突然参加了一次炮兵培训,好像是进入土伦的军事学院,学习了历史上最优秀的五百多个战例,那时候正好开窍学进去了。五百多个战例里面有各种排列组合,他一生没有太多知识,大脑里除了搞女人就只有这些人类历史上最优秀的战例。他把这些战例根据欧洲战场的形势排列组合,最后都是最优选择,所以他的决策成本极低。这个人没有任何逻辑头脑,全部是直觉。当克劳塞维茨说穿透战争迷雾,用迷雾来形容决策之难。如果给你十年时间你可以把战场形势分析得清清楚楚,但是那时候已经不管用了,要求你一上午做出决策,这支部队应该调到哪儿或者不调到哪儿。那个时候所有信息都不充分,在信息不充分的情况下怎么能够迅速地做出决策?这时候拿破仑用了直觉的方法,他心里有一个框架,接着和当前的形势进行对比后立刻就做出了结论。克劳塞维茨指出直觉是一种简化决策的最佳方式,它可以瞬间地穿透战争迷雾。

信息更多能提高生活质量吗？

呼唤信息增值服务帮人们化繁为简

云跟迷雾可以类比。云会造成一种迷雾状态，不过是云是高一点的雾，雾是低一点的云而已，最后都让你一眼看不透。如果不能简化计算，决策是很困难的事情。

反过来说过去不存在这个问题，哪怕你没有选择、选择错了，反正当下立刻就做决定了。现在就存在一个问题了：你要为决策交易成本付出多少，才能实现自己真正想要的个性化东西？

美国关于选择的悖论的争论没有结论，我自己觉得他们讨论这个问题有漏洞。安德森实际上已经回答了这个问题，安德森是《长尾理论》的作者，他没有说云计算，但他的观点实际上是符合云计算的。他说长尾可以归结为两件事，一方面是选择多样化了，让选项越来越多，未来我们给别人提供更多的选择。选择的悖论说这样不好，他说不是，因为缺另外一种"帮你找到他"这样的帮你进行选择的行业。换句话说信息服务业需要增值了，需要有人帮助了。对政治来说需要有人做参谋了。这个工作做好才能够化繁为简，否则的话我们是由简单进入到复杂的过程，云更多了以后看的满眼都是迷雾。

这个可行不可行？我个人觉得是可行的。实际上这个世界上可能不是自己最能了解自己，人是最难了解自己是谁的，有可能别人比你更了解你自己。对于我来说，我从来不知道衣服怎么配色，就是乱穿，当然偶尔还穿出什么犀利哥的混搭风格，这绝对是偶然状态。如果一个服装专家一看你的肤色，问你穿出去干什么，帮你配好了，即便我说不出想要什么，他帮我配出来正好是我想要的，这说明他比我更了解我自己是谁。

云计算出来马上有一个非常薄弱的环节，他们现在只想着共享资源，共享资源都是弄得满天大雾，最后雾越来越多，没有想到怎么穿透这个雾，简化计算的问题。将来恐怕在这儿会有非常大的需求，而且这是云计算理念上一个非常大的漏洞。

恐怕人们以后的关注点可能不是制造东西了，而是去洞察人，了解人最需要什么，从而给他提供各种各样的建议。比如说我从来不逛商店，有人对价格最敏感，货比三家说：这个不合适，旁边出去十五米往左转那个地方比这儿便宜三分之一；还有人说这个货你看看好，我穿了两天穿烂了；还有人从更高的高度说，现在时装是什么趋势，过多长时间就过时了。瞬间有给我提供书的，有提供MP3的，有给我提供资料的。总而言之，旁边是一个特牛的购物导游，三言两语给我说明白了，最后你走人，我一关你全都消失。我做出决定，但我愿意为此付你钱。因为我既做到了选择多样化，又没费脑子挑选。这不就把"选择的悖论"破解了吗？

云之象

生活方式设计师

以后像服务业，比如说造型师、经纪人这种给你出主意的人，会有很大的发展空间。

这就如同埃瑟·戴森在《2.0版：数字化时代的生活设计》中说的生活方式设计师。你自己可能真的不知道选择什么，可能有很多路径可以选择，五花八门的，有可能人家给你指出一条路。举个例子，我现在特别希望对别人指出一点，我觉得他们总在市中心买房地产，我觉得将来可能是在家办公，如果在家办公应该是哪儿风景好到哪儿去，六环之外应该是买的地方。我可能给人提供这么一个建议。以前可能他没有想到，听了我的建议之后可能就改变生活方式了，也可能不采用这种生活方式，就采用城市的生活方式。潘石屹既然把SOHO建到了市中心，那他也可以选择大隐隐于市。

这些都是在帮他降低决策成本。

我的内在谁设计？

关于人能不能做自我的问题，当年我翻译过一本书，埃瑟·戴森写的《2.0版》，它有个副题很好，叫"数字化时代的生活设计"。刚才其实谈了很多外在的设计，很多人帮你出生活的主意，比如说你穿什么衣服之类的，我觉得谈到自我最核心的东西其实是内在设计。

内在设计别人能帮吗？这就是问题，你是你自己真正的选择，别人不能代替你。

你穿透迷雾的办法是心里有框架，你心里必须有这个框架，没有这个框架就做不了自我。我始终强调造化的问题，我们现在面临的一个核心问题是手段改进了，目的没有改善，我们可能用改进的手段追求一个完全没有得到改进的目的。这种情况下信息本来应该是你的朋友，现在是你的敌人了，让你掉到选择的悖论里了。

信息更多能提高生活质量吗？

连贯的自我还是混乱的自我？

刚才用扑克牌举例，扑克牌的顺序代表着你对这个世界有一个有秩序的、完整的画面认知。只有你知道我和我们之间以及我和世界之间的连贯认识，你才能解答这么多年人们一直问的问题，也即你从哪里来、到哪里去的问题，只有解决了这个问题，信息对你的生活才有意义。否则，我觉得信息对你的生活而言是身外之物。

段永朝说在电脑时代有可能出现多重自我。你可以说我的人生是一副扑克牌，是非常有序的，而段永朝有一个说法，我可能在公众面前是一个君子，到了晚上变成一个黑客，它们都构成我人生的一面。可以看到在"第二人生"里面，那些人开始都是有男性有女性，混久了以后突然都变成女性了，他的自我甚至开始有了女性的意识，谈起恋爱了，谈的恋爱非肉体之爱。比如说两个男的，他是模拟成男女，跟你的肉体已经无关了，但是他真的谈得非常投入，这种模拟变成另外一个我了，有没有可能出现人格紊乱或者多重自我？

当然有这种可能。自我这个概念早就被改写了，从心理学角度来讲，以前的自我是被视为一个封闭的，从一出生下来就具备某种实质的东西，不大会改变，你一生一以贯之的是你只有一个自我。但对这种自我认识的反驳早就被提出来了，所以后来有本书名字直接就叫《灵活的自我》。事实上，自从弗洛伊德发现人还有潜意识以后，自我这个概念就很难说了，你就搞不清楚哪一部分是你意识的自我，哪一部分是潜意识的自我，潜意识的自我是真正的自我还是意识的自我是真正的自我。

自我这个东西永远跟他人的承认是有关系的，没有脱离他人的自我，自我的问题在心理学上叫认同。阿德勒曾经研究过人的发展，每一阶段都必须在那一阶段发展出你那个阶段的自我，如果没有发展出来过后就补不上了，而且最后你会出毛病。包括很多精神疾病按照他们那种线性的逻辑是说，你在此段没有发展出标准数，到彼段就发展不出来。

这是一个纯粹的心理学概念。我觉得当你谈到认同的时候，永远需要谈到认同的对立物，就是承认。没有任何自我是在没有他人在场的情况下形成的，所谓的自我一定包含我对我自己的认识以及他人对我的认识，两者的合集叫自我。

云之象

何谓网络精英？

——在不同的自我之中能够自如运转，还能保持自己的一致性

每个人都要管理自己的印象。我第一次见到我的恋人的时候要把自己打扮得漂漂亮亮，因为这关乎我的自尊，也关乎我给她留下什么印象。网络时代的印象管理具有多重性，这是因为网络时代有多重自我，它提供了一些让你把潜在欲望进行发泄的机会。原来我也想变成一个女的，但是没有办法，除非去变性。现在可能我在"第二人生"里面不用变性，我在"第二人生"当中就是个女的，因为第一次人生不是我选择的，是父母一次寻欢作乐的结果，我被出生了。第二次人生当中我主动出生，我就选择做一个美女，这时候你就有多重自我了。我曾经写到过，我对网络精英的定义跟传统的对精英和草根的定义不一样，传统的精英、草根更多是从社会地位、金钱、影响力来定义。网络精英是什么呢？在不同的自我之中能够自如地运转，还能保持自己的一致性，这种人就是网络精英。我觉得网络是人性的绝妙的实验场。

在这个意义上甚至有一个经典的说法，人的全面发展。人的全面发展包含了多重人格在里面，这样人才能不局限于一个职业里，过去只说从事多种职业才是全面发展，现在看来人有多重人格的权利。

人的全面发展

你的说法对我很有启发，而且说服了我。有人认同和没人认同是不一样的，云计算时代能不能活出自我不仅和自我有关，还和认同有关，人要寻求一种同环境的协调。

说到认同，我想起一件事。有一个人本来是一个美女，有一段时间她改变肤色，变成一个黑人美女，她想寻找别人对她新肤色的认同。对于她突然的改变，多数人还可以认同，但是少数人有种族意识。有一次她非常愤怒，跑到一个曾经向她这样表示过的男人面前，那人聊天聊得正愉快，她去握对方的手说我们昨天晚上做爱非常爽。那个人本来是一个种族主义者，结果一个黑人跑到他那儿跟他这样说，败坏了这个人的形象。周围的人就开始嘲笑和疏远他，他非常愤怒又无法辩解。在这个事例中，人的认同由于肤色的改变发生变化了。云计算使人有机会像变肤色一样，在不同角色间切换。有时候还可以再变一种颜色，这样可能会好一些。

信息更多能提高生活质量吗？

技术并不真能帮你活出自我，充其量只是外在的自我

人们能不能活出自我的问题不只是一个技术问题。技术问题可以通过别人的帮助产业化地来解决，但是自己的问题只能自己来解决。比如说人们第一要有自己的一个自我意识，第二要获得有效的社会认同，这样才能构成自我。

无法驾驭信息的人活不快乐

信息越多人越快乐吗？我觉得这个关系是不确定的，也可能更快乐，也可能更不快乐。还是因人而异。如果说快乐肯定是一种目的的感觉，他自己有目的才能快乐，如果他自己失去了目的，老是被别人当枪使，被别人当工具使就很难有快乐。如果他驾驭得了信息也许快乐水平会高一些，如果被信息驾驭了可能就更不快乐。即使是一个很快乐的人，被信息缠到最后不快乐的，也有很多。比如说现在短信特别多，本来短信可以回避马上做出回复，结果没有想到天天来很多短信，很多短信都是垃圾短信，甚至里面有一些还表示对我有所了解的，从哪儿利用哪个人情给我发出这样的信息，这就让人不快乐了。

认同感与快乐

这就是一个很复杂的问题。人之所以有意思，包括人性这么多年众说纷纭就因为它是复杂的，如果是简单的话这个世界早就不好玩了。比如说快乐的问题，如果你经常泡论坛，在天涯上你会发现有一些很有意思的现象，比如说可能会有大量的小三儿聚集在某一个版上。小三儿作为个体来讲很不快乐，因为所有的小三儿都在诉说这个男人对我好，但是又不肯娶我，抱怨自己见不到他。等所有小三儿聚集在一个地方、互相倾诉的时候，这些人彼此之间蛮快乐的，因为她们发现这种分享、这种情绪的宣泄得到认同了，所以这个承认是很重要的。这时候她可能把不快乐的东西从某种意义上变成一种快乐的东西了。

云之象

在复杂条件下获得的快乐总量
高于在简单条件下所获得的

从另外一个角度谈人们的快乐有可能是这样的，我觉得重要的不是增加人的快乐，而是增加人的快乐水平，或者可以说感知。可以把简单自我变成复杂自我。比如说以前人们在现实社会，一个人可能只有一个身份，这个身份给你安了以后会形成路径锁定，你只能享受这一种人的认同和这一种快乐。比如说你某一次不小心见义勇为了，别人就把你当成英雄，很多人就感觉到不舒服了，这个人本来可能是一个地痞，偶尔替人出了一次头，被人当英雄来看的时候他特别不舒服。就像马克·吐温写的《哈克贝里·芬历险记》似的，他当坏人可能挺舒服，人家非得把他当好人，他就觉得浑身不自在。因为你把他的人格限制了，在别人给他好评的那一点上，他做了一个好孩子，但当好孩子只不过是他的一部分，他心里想着某一阶段还要犯坏呢，现在觉得没有犯坏的自由了。有时候说孩子在课堂上特乖巧，在老师的眼睛里是好孩子，在课下就开始惹人家，总是侵犯别人，这时候又是另外一种样子，小孩子不觉得什么，大人可能会在意。

如果云计算给大家提供了一种空间，你在这个房间里表现的是这样的一个自我，在那个房间里表现的是那样一个自我，加总到一起就有一个变化，生活的复杂度发生变化了。在复杂的条件下获得的满足总量和在简单的条件下获得满足的总量是不一样的。邓肯当时提到了婚姻的幸福，她说一个人如果只有一次婚姻是不幸福的，好比走进一个楼里面只进一个房间，她说人生要多进几个房间，从幸福的总额上来说有可能增加总量。

给人贴标签总是配合着阴谋论

虽然人有不同的面貌、面具、人格，但实际上是不能随便给人贴标签的。一个人不能贴有任何标签。贴标签从某种意义上来讲，第一是排他，贴标签其实等于说这个人是异类，跟我不一类，这是把他人化为异类的一种方法。第二种贴标签是把对方污名化了，你试图把他划为让人不齿的一类里。还有一种是非把他拉入自己这一伙儿。也有这样的，比如说给她一个劳模，实际上她是一个二奶。比如说重庆的文强，他的情妇是全国十大杰出女青年，你给她贴的标签是全国劳模，实际上她不是。还有很多

　　　　　　　　　　　　　　　　　信息更多能提高生活质量吗？

人被贴了自己不愿意的标签，他会不舒服。哈克贝里·芬的自我认知是个坏蛋，大人非得说他是好人，结果他浑身不自在。晚上要洗脚他就不愿意，本来想钻草棚子里睡觉，非得让他睡床，百般地不愿意，非得给他强制认同，可能他不愿意。从这种意义上来说云计算有可能使他发展多方面的自我。

云时代的一大特征是信息共享。信息有一个来源的问题，如果是你自己主动去寻求的信息，这个信息的价值含量比别人给你的信息价值含量是高的。

云时代有一个特伟大的地方就是小人物都有机会，而在前云时代小人物就是小人物。

我们过去经常把公平和效率对立起来，认为追求公平会导致效率降低，追求效率会导致公平降低。这是奥肯书里强调的一个经典悖论，也是在云之前的时代的一个基本特征。有了云计算后，现在可能出现越公平的效率越高，越不公平的效率越低，这种所谓的怪现象。

当许多人去共享这个软件，这个软件的价值在增大，而不是因为每个人去分享它而减少。这时候就是分享创造了价值，而没有减少它的价值。

互联网是爱的大本营。这个听上去有一点浪漫，其实仔细琢磨云计算这个东西，有一个非常有意思的地方就是把爱的范围扩大了。

过去的世界造成了一种结果是人们只为报酬而工作，现在你发现人们可能是为创造和分享而工作。因此，我们的这种工具应该既支持传统的生产消费的关系，也支持人们自由的创造和分享。

云计算之信息共享

云计算之信息共享

云计算可以带来新的神圣

云计算其实就是云智能，云智能一方面能够把人类累积了这么多年的知识积累集中起来，另一方面可以让人实现充分互动。过去人要克服巨大的交流成本，所以很难有这种互动，今天由于成本的降低导致可以互动了。现在有一种东西可以叫做"群体的智慧"，或者叫做"云智能"。这种云智能本身是不是一种进化？由于把这么多人的智能通过分享都汇集到一个地方，这个东西本身可能会产生进化。而云智能的进化又可能会产生新的神圣。

让人找信息，而不是信息找人

前面谈到云时代的一大特征是信息共享。信息有一个来源的问题，如果是你自己主动去寻求的信息，这个信息的价值含量比别人给你的信息价值含量是高的。现在生活在这个信息时代，每个人都没有办法避免，有很多信息是别人塞给你的，甚至用过去的话说是灌输给你的，有时候你可以把它视为一种暴力行为。如果很多信息是你自己主动去寻求的话，就意味着你对自己想要什么信息是有过思考的，同时你也知道你去寻求某种信息是为了一个目的，知道要干什么事然后再去干这个事。在这种意义上，我们所提倡的都是让人自己去寻找信息，尽可能避免灌输。

获取信息用推的方式可能更趋于一致，用拉的方式可能更趋于独特

是灌输还是自己寻找，最后的结果不同。北京生产的鸭子为什么这么肥？他们拿着鸭子的嘴往食物水龙头上一放，瞬间一秒钟内就完成了喷射进食，时间长了就变成肥鸭子。这就是填鸭，灌和输都有。灌多了有时候会失手，灌一下之后忘了，再灌一

云之象

下，结果鸭子的肚子就爆炸了，当时就爆了。

推模式就好比填鸭。这些人被推的结果肯定是越来越趋向标准答案似的一致，你用工业化条件，把鸭子喂得个个都长得非常肥。给它灌的是高营养的饲料，原来它自己吃是吃不到这么肥的，灌是一下把饲料灌满了，但是没有任何吃的乐趣。它从小就这么长大的，填鸭就是这个意思。什么叫填，就是这样灌，也就是说它这一辈子就没有享受过美食的乐趣，一辈子想到吃就是特痛苦的事。

如果是这样灌鸭子，那结果就是特标准化，非常一致。鸭子如果摇摇摆摆自己吃就可以看出它想吃什么就吃什么，想饱就饱，想饿就饿。包括猫也一样，在家养的时候和在外面养的时候就不一样，家养的时候吃标准的东西，没有什么选择，到了外面不同的猫就有不同的选择，家养的猫可能对鱼不敏感，外面的野猫可能一闻到鱼味就扑上去了。这真的跟汲取信息的方式有关，如果是推的模式可能就更加趋于一致，拉的模式可能更趋于独特。

在云时代，臭皮匠也许胜过诸葛亮

共享会使傻瓜比聪明人更聪明吗？在《众包》一书里面，最有意思的是哈佛大学的一个教授佩吉做的实验。一般来说聪明人绝对比傻瓜聪明。他非得要实验出什么结果呢？实验在什么样的条件出现以后，傻瓜能够稳定地比聪明人还聪明。这个题设计得非常刁，经过多次实验以后终于找到了一个稳定的条件，如果这个条件一旦具备了，傻瓜能够系统地而不是偶然地比聪明人更加聪明。是什么条件呢？提高系统的复杂度，当复杂到一定极限值的时候，就是进入混沌状态的时候，突然形势完全逆转，傻瓜开始占上风，聪明人傻眼了。

举个例子，股市是由于过度复杂，复杂到人们凭自己的智力难以做出判断，结果最后的表现是人还不如猴子。他们拿了一只猴子往《纽约时报》的证券版随便扔飞镖。先教这个猴子学会扔飞镖了以后，它扔到哪个股票就买哪个股票，最后得出的结果是什么呢？这只猴子的成绩在华尔街专业炒股人员的平均水平之上。换句话说，在复杂到混沌的时候聪明人未必有优势。我们有一句话叫做"人算不如天算"，聪明人的局限是什么呢？他算不过天，天是混沌系统，既有必然性又有偶然性，必须把必然性和偶然性同时全部算在内才是天算。人算只能算必然性，往往算不出偶

云计算之信息共享

然性，因为偶然性太多了。

我生活中就有这样的例子，我的一个亲戚是一个股评家，整天给别人发表股评的意见，教别人怎么炒股，但是他回到家以后并不按自己的分析来行事，而是听他夫人的，也就是我的表姐的。我的表姐最大的优势是对股票一窍不通，后来我一想非常合理，因为股评家的思维是有逻辑的，庄家知道只要有逻辑就好办了，因为我比你更厉害，我比你更精英。你不是有路子嘛，有路子就好办了，我把你装到我的套子里，所以我就可以控制你。我的表姐这方面思维没有套路，庄家没法去计算，没法把她装到套子里，她今天想去炒这个，明天想去炒那个，就像猴子似的乱扔，这时候不受庄家控制，反而炒的成绩比特意推理出来的还好。

这时候出现了这么一个问题，如果在云计算里面大家可以做到知识共享化，这时候是臭皮匠占优势还是诸葛亮占优势？我认为两种情况都有可能发生。很有可能诸葛亮在那些可以优化的问题上面会占上风，也就是精英阶层，在那些可以优化的问题上面会占上风。从现在种种迹象来看还有可能出现众包的模式，众包(crowdsourcing)就是群氓（crowd）或者水平低的人在这儿包(sourcing)，这些人能解决什么问题？他们能解决一流公司里面的人解决不了的问题。宝洁公司和IBM公司已经优秀到什么程度呢？把人算的公司都打败了，现在面对的是天算，我要做到不只能算必然性，而且能算出偶然因素，就是所谓的运气。这时候它们发现有智力的障碍了，这时候提出把核心业务外包，宝洁公司把最难的问题、核心的问题包给傻瓜，把次难的问题由自己御用的精英来解决，换句话说精英只能解决次等的问题，解决这种问题相对其他公司来说已经比别人优秀了，但是它把最难的问题，即需要随机把握、随机变化的这一部分，交给傻瓜。傻瓜算出的实际结果是这样的：用14万人替宝洁算这个东西，营造一个环境叫"创新中心"，他们提出各种各样的解决方案，这里面绝大多数都是垃圾，但是有那么一两个绝对是天才，匪夷所思，能解决问题。他不是按常规想问题，而是按天才的方式想问题，当然提出天才方案的这个人自己可能不是天才，是瞎蒙瞎碰的。

在什么情况下众包有可能呢？或者说云计算可能有这种现象呢？当所面对的环境具有丛林的特征，就是生物多样性占优势的环境。这时候发现，天最怕什么呢？天有可能最怕傻瓜，因为你如果有算路天可以直接把你淘汰，所以达尔文说适者生存，不是强者生存，也不是大者生存，甚至不是优者生存。我们环境保护中提出要保护生物多样性，就是保证进化的解决方案要多种多样，这就是傻瓜的典型特征。可能聪明人都向一个方向高度优化，傻瓜往360个方向，可行不可行的都要进化，说不定哪一个傻瓜正好蒙对那个口就进化成功了，天就拿他没有办法。天在你高度优化了之后容易淘汰你，但面对生物多样性就没辙了。比如说齐国的孟尝君过函谷关，遇到城门关闭，

云之象

这时候如果按正常的思路肯定是关公或者秦琼这类武学精英在打开城门方面起作用，但那时候偏偏是鸡鸣狗盗之徒发挥作用了。他养了一大群门客，这些门客里面有一个会学鸡叫的。一学鸡叫，守城的人以为是天亮了，就把城门打开了。这时候只有三个小时的时间，三个小时不开这个门，后面追兵到了齐国就灭了，就没有孟尝君以后的霸业了。他靠的不是精英解决问题，而是傻瓜解决问题，但是他平常怎么会储备那么多傻瓜呢？正好是因为他平时广纳门客。现在我们发现云计算里面就可以解决这类问题。将来会不会有这个可能，臭皮匠加在一起有可能胜过诸葛亮了，至少我觉得会排除不能胜的判断。云计算进行的就是信息共享，就是大家一起来出主意，这些人层次都很低，都是草根，但可能最后出的招能解决问题。

随机致富，云时代小人物都有机会

刚才这个实验很有意思，如果是随机的话傻瓜可能比聪明人更占优势。什么叫聪明人？中国过去讲以史为鉴，以史为鉴就是识古而知今，通过过去的历史经验能够推导出下一步可能发生的情况，吸取前面的经验，把错误的剔除，把好的东西留下来。

从某种意义上来讲，所有的预测，不管是华尔街的预测还是经纪人的预测都建立在对过去模型的推演上，他们靠这种推演预测未来。智者一般被认为是能够预测未来的，因为他靠以往预测未来，但如果后面发生的事件具有不确定性，也就是黑天鹅事件，智者就无法预测未来。《黑天鹅》那本书核心讲的就是随机的致富。包括那个作家还写了另外一本书叫《随机致富的傻瓜》，就是把他们这些人弄到华尔街炒股票，傻瓜是随机致富的。这样的一种东西，如果我们可以赋予云时代某种含义的话，可以说，云时代有一个特伟大的地方就是小人物都有机会，而在前云时代小人物就是小人物。

总结别人的成功只不过是后见之明

我觉得确实是这样，从马云到马化腾这些靠互联网发家的人，当初都是小人物，都搞不清楚自己的未来是什么，但是后来人家成了。就跟水泊梁山似的，给这些人一个条件，本来他以前的才能没有发挥出来，他本来有一身本领，结果黑天鹅事件撞他

云计算之信息共享

身上了，他就成功了。

其实傻跟成就之间没有必然联系，但是傻瓜具有多样性优势，而一般聪明人很难具有多样性优势。如果大家都按照同一个公式算，算出来的不可能是不同的答案，它就会趋同，会按照最优方案，有可能按照历史来总结。他的模型哪儿来的？是概括过去，但是他没法对未来进行预测，这是最大的缺陷。

小人物不是说自己算出来的，而是说小人物足够多，"总有一款适合你"，总能蒙上一个可以解决问题的招。从微观上来说意义不大，小人物如果自己说我非得铆足劲逮一只黑天鹅，他可能逮不着，因为他完全是零和的博弈，或者全赢，或者全输。如果把很多小人物集中在一块这个概率就非常大了，早晚会有一个傻瓜撞上黑天鹅。然后人们就开始总结，说他不是傻瓜，原来他是特别聪明的。把他瞎蒙的一切都当规律总结，但照着做却不会得出原样的结果。

这就是后见之明。以后他的经验就被后面的聪明人当做规律来把握，但是后面的人又难以去突破它。

共享的方式与非共享的方式，哪个更能促进生产力？云计算的共享做出了回答

类似Linux模式的共享方式，就像送礼似的。过去讲礼品经济和商品经济，礼品经济是人类学的一个术语，它说的是古代在商品出现之前、在货币出现之前，所有人都采取送礼的方式。他是交流东西，而不是交换东西，他不认为是卖东西，认为是送东西，也就是送礼。东西送出来以后我的价值还没有送出去，你欠我人情，将来早晚要来还，他不要求我送你一个礼你马上要还我礼，而是你欠我人情，最后你要来还。后来广义的礼品经济就变成了：不是一手交钱一手交货，而是大家彼此交流共享。

礼品经济更接近我们说的交流的概念，不是交换，交换之后所有权就没有了，交流之后大家还仍然拥有所有权。比如说典型的信用关系就属于交流关系，而不是交换关系，彼此交流之后双方更加信任，谁的信任也没有减少，不是咱俩交换完了你拿价值、我拿使用价值，不是价值和使用价值只能得其中一样。

云之象

这种模式过去长期以来被认为它不是一个主流，不符合商品经济，但是现在到云计算以后，云计算一个核心概念就是共享资源，共享资源在很大程度上就是共享知识和信息，这里面也涉及共享的方式更加具有生产力，还是非共享的方式更加具有生产力。从实践情况来看我觉得两种情况都有，比如说挑计算机错误的这件事，用Linux的开源软件这种方式挑的效率要远远比微软雇软件工程师的方式效率高，因为这些人是凭着自己的爱好，整天没有上班、没有下班，没日没夜地琢磨这个事，所以他挑的效率要高。

云计算破解了公平与效率的悖论

我们过去经常把公平和效率对立起来，认为追求公平会导致效率降低，追求效率会导致公平降低。这是奥肯书里强调的一个经典的悖论，也是在云之前的时代的一个基本特征。

有了云计算后，现在可能出现越公平的效率越高，越不公平的效率越低，这种所谓的怪现象。我觉得这是伴随云计算而出现的现象。通过公平共享，好像看起来是更加公平的，最后的结果是效率提高了。微软的工程师有下班的时候，爱好者没有下班的时候；地球是圆的，你下了班他还没有下班，大家一起一拥而上，用人海战术解决了上班解决不了的问题。当然也有相反的情况，一个诸葛亮比成千上万个臭皮匠都管用，一个精英的作用谁也不能替代，比如说《红楼梦》人家就是一个人写出来的，你一千个、一万个上阵，组织起来大家攻关，还是写不出《红楼梦》。我觉得两种情况都是可能的，但是云计算至少把过去行不通的模式变得行得通了，证明通过共享这种方式也可以反而能够创造出更多绩效。

云计算与高科技礼品

高科技礼品经济是英国一个教授巴比鲁克提出来的，他写了《高科技礼品经济》这本书。还有好多人都是用礼品经济这种说法来说高科技。他说我们现在到了信息高度发达的时候，又出现了返古现象，又出现了原始社会的礼品现象。它的特点是高科技使这件事成为可能，出现了具有共同消费性的产品，不是像面包似的吃一口少一口，

云计算之信息共享

而是越吃越多，知识越交流越多。我们每次开会，会议主持人都说，经过今天的会议大家收获很大，我从来没有听过一个主持人说由于今天交流了知识，大家出去的时候都更傻了，因为贡献出自己的知识了。没有这种现象。这是高科技带来的东西，就是说信息使我们的产品具有共同消费性。

云计算的什么东西有共同消费性？比如说软件具有共同消费性，你拿它做生意和我拿它做生意并没有损害软件，不是说我今天用过这个软件以后你再用，这个软件就缺胳膊少腿了。有多少人去共享阿里巴巴这个软件，这个软件的价值在增大，而不是因为每个人去分享它而减少了，这时候就是分享创造了价值，而没有减少它的价值，大家把这个东西当成礼品了。比如说QQ并不收费，看起来这个项目给大家送礼了，包括史玉柱的游戏给大家玩都是免费的，我觉得他实际上是利用信息共享的特性，如果跟另外的东西结合起来，比如跟增值业务配合起来，或者和人的创造性结合起来就可以形成一个完整的经济循环。举例来说QQ是免费的，上面的道具是收费的，这边的共享通过那边的交叉补贴使它得到收益了，这和以前的方式非常不同。以前生产一个什么东西要现投资一个厂房、投资一套设备，现在投资一套厂房和设备大家可以共享，共享的人越多我就越发财，因为每个人自己发财后，给我交钱也不多，交了一点点小租，如果更多的人去参与就积少成多了，给大家提供这个东西自己并不吃亏，我觉得是这样的。

云计算给你提供摇钱树的土壤，让你在上面种树

这就是把摇钱树和摇钱树的土壤分开了，培育出摇钱树的土壤让你在上面种树，比如说腾讯。我倒是觉得Twitter什么的，在这方面没有处理好，没有像中国的做法那样精明，它在增值业务方面没有处理好。开心网开始也是说共享了以后自己得不到好处，赚不来钱，后来它想出了这个办法：你偷菜我不跟你收费，现在管制了，几点以后不准偷菜，以前没有管制的时候，人们经常一点钟、两点钟起来看住自己的车位，看住自己的菜地。我到各省听到的家庭矛盾都是这样，都是老婆一脚把老公踹出门外，这种消息有很多。他到了一两点钟不好好睡觉，去护自己的菜了，这种现象怎么解决？你可以去睡觉了，我派一条狗去看着菜地，这个狗得吃食，一个月两三块钱就可以了，你就在这两件事之间选择，被老婆一脚踹出去，还是花三块钱，这时候共享模式就运转了。我认为这个共享是一种双边市场交叉补贴，一半是共享的，另一半是收费的，共享和收费互相补贴，用这种方式来做。当然也有真正完全免费的，那就是业余爱好者，他完全超越经济动机了，现在很多人互相免费、互相激励是为了兴趣、为了爱好。

云之象
非经济的动机使可持续的分销模式成为可能

对，我就想说非经济的动机，这肯定跟礼品经济有关系，是可持续的。我发现原来我在《我们是丑人和Luser》这本书里面提到过可持续的分销模式。连我自己都把这个忘了，可能那时候云时代还没有到来。

互联网是爱的大本营

我给《未来是湿的》写序的时候就讲到"爱"的问题。互联网是爱的大本营。这个听上去有一点浪漫，其实仔细琢磨云计算这个东西，有一个非常有意思的地方就是把爱的范围扩大了。爱本来是在一个小的人群中发生影响，最简单的是一个小孩出生了之后大家对他有无限的爱，又比如说亲朋好友的爱是非常亲近的人之间存在的东西，这叫做地方化的爱，局限于当地，并且内容很有限。原来的爱都是这样的东西，招待自己的朋友、照顾自己的小孩、为自己的恋人而欣喜，所有这些东西都不能用经济来衡量。比如说你生小孩，如果纯粹地做一个经济上的投入产出分析是没有用的，这是不能用报酬和花费来解释的。

天下真有免费的午餐
——当人们不再为报酬而工作，而是为创造和分享而工作

我们知道人类之所以能发展成这么大的社会，有那么多大型的活动就是因为它遵循了经济学上的投入和产出。经济学奉行了一个原则叫做"天下没有免费的午餐"，这是必然的。除了用金钱报酬支持的工作可能是持久的工作，其他依靠单纯的爱来工作都是短暂的事情。纯粹的理想主义者有时候坚持不下去，因为他没有办法实现经济的回报。

有意思的是云时代出来以后，在某种程度上天下可能会出现免费的午餐。人与人之间的这种爱现在从小范围扩大到大的范围，大的范围里头导致很多非经济的活动现

云计算之信息共享

在在互联网上出现了，包括我们现在说的共享。那么多工具都是为了共享，共享图什么呢？共享得不到任何钱，顶多是能得到朋友的赞扬，或者你分享这些东西的时候自己的一种喜悦。过去的世界造成了一种结果是人们只为报酬而工作，现在你发现人们可能是为创造而工作，可能是为分享而工作。因此，我们的这种工具应该既支持传统的生产消费的关系，也支持人们自由的创造和分享。以前我们为爱做小事情，做大事一定是为了钱，现在会出现一种情况，我们真的可以为爱来做大事，我觉得这是云时代的一个很大的特点。

云计算可能把用非经济手段创造的价值纳入整个经济体系

我非常受启发。我原来想自由、平等、博爱，前两者很好理解，博爱体现在什么地方？用新的云时代的理解，它是一种社会资本。过去的爱是同心同德之爱，同德，这个德是血缘关系，只有同德才能同心，这个心才能沟通。现在社会资本讲和陌生人也可以同心同德，你也可以信任陌生人，过去只有私人关系才可以相信，现在这个关系可以发展成为公共关系。从这个意义上理解，这个范围正在扩大，包括亚当·斯密说的同情心，同情就是人与人之间非经济的沟通，我认为这些会随着云计算扩大。

我们现在面临的时代同情心会成为非常重要的话题，心理学应该花大量时间去研究同情心的问题。

亚当·斯密说的同情心和我们口语上说的同情心是不完全一样的，他说的是心与心之间产生的一种共振、共鸣，是感觉的一种沟通。我觉得是属于一种移情，或者叫同理心。

我觉得在纯粹的经济现象中会出现一种悖论。我记得我写过一篇文章，大意是说如果你把自己的保姆娶了会降低国民生产总值。保姆给我做一顿饭和夫人给我做一顿饭对我意义上来说没有任何区别，都可以满足，但是经济上差得非常远。我要付给保姆工钱，这时候增加了国民生产总值，而我不必为做饭而发夫人工资，于是她做饭就不增加国民生产总值。但是我把保姆娶了，国民生产总值就下降了，因为这部分钱就不算到经济里面了，虽然对我吃饭这件事没有影响。

云之象

有可能出现一种情况，在非经济状态下可能什么都没有缺，但是这个值可能完全不见了。过去有一个笑话，两个学经济学的学生凑到一起，学生A对学生B说，如果你把这一泡狗屎吃了我给你100万美元，他非常痛苦地把狗屎吃了，那个人把100万美元给他了。他走了以后感到非常生气，觉得自己受了很大的苦，他们又碰到一堆狗屎，他说如果你也能够把这一堆狗屎吃了，我也给你100万美元，刚才给出100万美元的这个学生觉得丢失了100万美元非常可惜，也把它吃了。最后荒谬的事出现了，这个钱没有发生变化。虽然吃了两次，付了两次的钱，但是双方拥有的钱没有发生变化。钱没有发生任何变化，那不白吃了嘛。他们俩去请教老师，老师说你们吃得好，为什么呢？因为虽然你们俩的钱没有发生变化，但是国民生产总值增加200万美元，因为你们消费了两次狗屎。

爱本身具有经济价值，而且这种价值在云时代可以实现，在前云时代无法实现

我们说到爱和经济的关系。从某种意义上来说，爱涉及人生目的。你为了实现这样的一个人生目的，可能使用不同的手段，可能通过经济的手段，也可能不经过经济的手段，结果可能是一样的。我认为在云计算之前不存在这样的结论。什么才叫好的，只有充分社会化才是好的。这顿饭如果是自己家人做，算在家庭里面，不记入GDP，无论你做多少工，GDP也不增长。假设我一直都在深山老林里，自己耕种，自己收获，虽然GDP没有增加，但不意味着我的人生没有目的。将来云计算就有可能把用非经济手段创造的价值纳入到整个经济体系里面去，我觉得这是共享的一个重要的意义。而传统经济与此完全不同。在传统经济中，许多事情从手段上看完全没有价值，就跟那狗屎似的，但是从GDP角度来讲确实是有价值的。人们经常为了手段而牺牲目的，想着创造狗屎是重要的，最后为了手段而忘记目的，还瞎吃了两堆狗屎。

反过来说，在爱的过程中，比如说在人的自然行为中，也产生了这种交换关系，达到同样的目的（例如吃饭），但是并没有创造GDP，却一样是能够创造福利和价值的。澳大利亚经济学家格雷姆·唐纳德·斯诺克斯指出，现在统计上没有把所有家庭创造的价值计算在内。他发现如果把家庭所有的劳务计算在内，整个澳大利亚的国民生产总值在什么都没有变化的情况下至少增加三分之一。

云计算之信息共享

　　非工作时间所创造的价值（也就是不计入 GDP 的部分），跟工作时间所创造的价值，这两个区别非常明显。都是实现人的目的，一部分跟手段有关系，一部分跟手段没有关系。不创造价值的东西都是跟手段没有关系的那一部分。澳大利亚经济学家斯诺克斯说，整体经济应该把社会生产的部分和家庭的放在一起来统计，这时候就会发现规则变了，爱开始进入到交换规则里面去了。不爱创造价值，爱也开始创造价值。这时候相对于人的目的而言是有意义的。我觉得这是一种变化。

　　你具体分析的时候可以想清楚，有些并没有多少钱的人，其实从人生目的的满足来看得到很多，不是说满足吃和喝，而是满足人的自我实现。这里的自我实现要得到别人的认同，你必须为社会创造价值，社会才能认同你，但这并不等于说，你一定要从事经济活动，你在自我服务中，同样可以达到那个目的。就像那个笑话说的，一个富翁看到一个牧童晒太阳，问他晒太阳为了什么？他说为了养牛。养牛干什么？为了要进城。进城要干什么？为了住大别墅。住大别墅要干什么？为了晒太阳。你直接晒太阳不就完了嘛。为了达到晒太阳的目的，一系列中间过程干什么都是为了这个目的。很多资本家赚了很多钱以后发现钱已经没有什么价值了，但是获得人们的认同是非常重要的。为什么很多人赚了钱就想成为贵族，因为贵族获得别人的认同，他想获得别人的认同。如果直接就可以获得了想要的认同，为什么要走这么大的弯路呢。爱就属于这种终极性的目的价值，如果能直接得到，那它的价值同为了达到同样目的挣的钱的价值，是一样的。

　　我觉得这就是爱本身具有经济价值的道理。

未把非工作时间产生的快乐纳入经济学的考量范畴，这是经济学应该改正的

　　因为奇平是搞经济学的，刚才他举的例子说狗屎的经济学家把经济学搞成一个什么烂东西了。但是经济学领域其实有一些有远见的先进人物，比如说加里·贝克尔，他很早就开始研究日常生活当中的经济学价值问题。他讲到对于经济稳定来讲，非工作时间可能比工作时间更重要，但是经济学家经常不关注非工作时间，只关注工作时间。家庭生活的时间不计入整个经济学体系之中，如果把它具象化，一家人每天享天伦之乐，晚上主厨的人做了很多好吃的，大家一起吃饭。这时候如果放到经济学家的

云之象

计算中，你发现很多人贡献了这个东西，有农业、渔业、食品加工业、包装、储存、运输，有了这些东西才能在市场上买到你要做饭的原料，但是你从来不计算家里的贡献，比如说采购、煮菜、做菜、摆桌子等等，所有的这些东西都不计算。如果没有后面这些东西的贡献你的生活会快乐吗？你的生活完全不快乐，我觉得这是经济学必须要改正的。

托夫勒在《财富的革命》中说到这个价值了，其实现在GDP的统计方式是排除了大量不以经济为目的，但是产生了经济价值的部分。我们为什么会倡导云时代，因为它可以颠覆很多现在不合理的东西。

云之用

城市化肯定利于集中资源，但是集中的往往是物质资源，将来主要是信息资源，并且以云计算这种方式来聚集。各个地方不需要建现在这么多物理基础设施，把计算资源和云的服务器连在一起，从某种意义上来说可以替代这些设施的许多功能。在家办公是可以实现的。

在未来，组织的内外边界首先会消失了。这时候组织和非组织已经难以区分了。人们可能以任务为单位，把很多东西都给外包出去了，会形成链式的合作。

可能将来企业组织和非组织的融合度是越来越高的。

项目型的组织跟云就完全一样了。云的聚散不会有一个圈，来圈着云往哪儿飘。一会儿是这个云和那个云组合，一会儿是那个云和这个云组合。

今天的自由职业者不像是劳务市场上的商品，而特别像在纳斯达克上市的股票。人才市场将来应该越来越像交易所那个方向发展。

一方面公司要改变，另一方面个人求职的观念也要改变。包括将来整个经济的创造力到底来自于哪里，跟这些核心的问题是相关的。

在云中工作

在云中工作

云计算支持在家办公

在家办公，分散居住，流动宅车会成为未来主流的工作方式吗？

我觉得云计算作为长期趋势，它的特点就是资源可以分布式地利用，实际上就存在一种可能，将来不是集中办公而是分散办公。现在说未来趋势是城市化，我对此有点怀疑，城市化肯定利于集中资源，但是集中的往往是物质资源，将来主要是信息资源，并且以云计算这种方式来聚集，我觉得更适合的是在家办公。各个地方不需要建现在这么多物理基础设施，把计算资源和云的服务器连在一起，从某种意义上来说可以替代这些设施的许多功能，在家办公是可以实现的。

现在北京市上下班高峰的问题越来越严重，大家赶在一起上下班，即使现在错开，错到九点钟，实际上堵在路上的时间也非常多。像海淀区这些地方已经在提倡在家办公，基于知识劳动来说完全可以做到。而我自己已经实践了七年了，我不需要坐班，基本上都是通过网络来连接办公。

我去过一趟硅谷，当时给我的触动非常大。硅谷的人并不是居住在市中心，都是分布在郊区。我记得茅道临与我们在硅谷聊天，有人跟我们说，你看硅谷这儿的人谁富和谁穷一眼就可以看出来，前面没有树的一定是非常穷的，那是公寓。白领、小老板院子前面会种很多树，如果不种树，当局会强行栽上树，然后跟他收钱。我们到了一个大峡谷，房子是大老板住的，据说那地方还有狮子出没。他们的工作理念已经发生变化了，住在距工作地点六十公里到一百公里之间。当时我非常受触动，回来以后沿着北京六十公里画了一个圈，看哪些地方适合居住办公，发现好多人居然已经在家里办公了。我记得在通州那边碰到一个画家，这个画家给自己弄了一个小院子，河水流进自己的屋子，屋子里还有桥，每天晚上上厕所还要过桥，当时我说担心他晚上去厕所途中，迷迷糊糊地掉到屋子当中的河里，自己家里都能掉到河里去。他们是这种生活方式，根本不到市中心去生活，这是至少七八年前的事。北京市其实是非常得天独厚的，在离城六十公里处又有高山又有大水，这里还是北京房价最低的地方。从未来的观点来说，这些地方只要接上宽带，在家办公就没有问题。比如说我现在住在距城六十二公里的地方，那个地方宽带非常好，你可以自己选择一兆还是两兆的带宽，完全够用的，工作一直都没受什么影响。我觉得现在要从技术条件来说，这种分散办

云之用

公已经完全可以实现了,只是大家觉得不习惯。

在家办公可能比较适合专业人士或者是"专业余"者,也就是所谓的PRO-AM (professional amateurs)。他有一技之长,能够靠他的知识来获得财富。不只是一技之长,最好他有多技之长,他可以为几个老板服务,客观上就决定了他不可能到一个空间去工作。现在很多所谓的专业余人士已经自立门户,自己成立工作室来做各种业务,对他们来讲就比较方便。

有了云计算,轻松个人创业

将来云计算一旦普及了以后,个人创业会非常容易,过去都是要建厂房、买设备,现在公共的计算资源代替了厂房、设备,几乎免费给你提供了,剩下的就是去干活了。所需要的条件就是胡老师上午说的要有一个API,服务平台要有一个应用程序接口,相当于把你的工作像插销似的插到主干道上就可以发挥自己的作用。我觉得每个人都有多方面的才能,你看歌唱大赛,里面干什么的都有,我记得有一个选手嗓子特别好,问他是干什么的,他说是看管仓库的,每天对着非常宽阔的库房练嗓子,一方面他是优秀的看仓库的人,另一方面又是非常优秀的歌唱家,人的潜力是无穷的。

我们住在地球村里而不是地球城里,不过村里每个人都有一部联网的计算机

我觉得人总要选择一个居住的地方。所谓的居易,当年白居易到了长安,有人跟他开玩笑,长安这么贵,你居起来大不易。后来发现白居易写诗写得太好了,说即使你家这么贵,你要会写诗住在这儿也很容易。选择居住在什么地方其实是有一个历史变化的,早期的时候大家都倾向于跟自然更亲近。我觉得居住在什么地方跟人类社会乌托邦的思想有很深刻的联系。乌托邦其实有两类,一类是回归自然的,要抹掉工业社会的所有痕迹。当年有一个著名的乌托邦作家,是19世纪社会运动中的领袖,威廉·莫里斯,他写过《乌有乡消息》,在里面说到维多利亚时期英国的工厂太不人道

了，应该回到前工业时代，只有原始的村落，理想的根基应该是手工业，人人都过着轻松愉悦的田园生活。这时候已经可以看到工业化给人造成影响以后，大家渴望看到前工业化田园时代的那种梦想。

另一类乌托邦是技术至上的，推崇技术而不再推崇自然。他们设想的乌托邦都是科技占了特别主导的地位。像有名的培根写过《大西洋岛》，就是纯粹的乌托邦作品，包括威尔斯写《时间机器》，里面都是讲的这种乌托邦。其实你看《黑客帝国》，就是出现乌托邦了。

我把奇平的观点叫做信息高速公路的系统派。他企图结合两者的优点，你既住在田园的生活里面又在高速公路上，因此你既享受着技术给你带来的乐趣，同时又在健康自然的环境当中生活。这种想法可以从一个词上来看，当年麦克卢汉预见到了后来媒介技术的大发展，他用的一个隐喻，他说我们将来会生活在"地球村"里。你会问他为什么说"地球村"而不说"地球城"，因为他想象中的动人情景是电子村的村民每个人都有一台计算机，但是他们可能共同面对着一团篝火，他们开篝火晚会，或者家里有壁炉，一边跟地球另一端的人通信聊天，另一边可能还在烤火，这个东西才叫典型的电子村，是一种理想的状态。但是我个人觉得这种状态尽管很令人神往，其实也是一种乌托邦。换句话讲，这个世界的大部分人可能想象不到这个东西，只有少数人能够想象到这样的生活，这一点可能是我跟奇平有点不一致的地方。

人的天性适合SOHO的工作方式

这可能有一点不一样，我觉得按照人的本性来说，其实中国的农民四五千年以来一直都是SOHO的这种方式。从周口店开始，周口店的猿人都是在家办公。我认为人的本性就是在家办公，他把生产和生活当做一回事，所以对农民来说喂猪、养老婆，生产与生活都是一回事，但是他不习惯单位，居然离开了家还要干活，这是农民很不接受的方式。到什么时候才接受？到了18世纪、19世纪。人类过了几十个世纪之后才有了单位的概念。历史上有很多官员都很向往田园。办公和在家，古代叫在朝和在野，他说的在野就是在家，都向往解甲归田。他想光宗耀祖也是有回到家里的意识。单位是怎么回事呢？单位只不过是两三百年之内的事，你要把人类历史当做一天的话，可能人类在一点、两点、三点……，一直到晚上十一点半的时候，全都是在家办公，突然在最后几分钟，大家都涌到一个叫单位或者叫企业的地方去了。在家办公反而有点乌托邦了。其实人挺适合在家办公的。

云之用

工业化彻底改变了人性

我觉得我承认人性的这些东西，但是不能忽略一点，工业化已经彻底改变了人性。什么意思呢？以前的文明当中，我们说中国人三代以上都是农民，大家原来都是生活在农村的，忽然之间大家都跑到城市里来了，城市生活的缺点这么明显，交通堵塞、空气很差、人口拥挤、犯罪率可能很高、生活费用也很高，但是城市里也有很多好处，能够更方便工作、能够更容易获得服务和教育，包括娱乐和朋友。我们看到已经工业化的这些社会，他们越来越多地意识到走这条路代价很大。但是对于中国来讲，中国现在正沿着工业化的道路狂奔快跑，拼命追赶那些发达国家。上海浦东的开发，我觉得完全是过时的模式。因为西方已经经历过了，它叫做鬼城，白天的时候熙熙攘攘，大量的人从各个地方跑到这里来上班，到晚上的时候会发现空空荡荡，根本不适合居住和生活，只是在那里办公。浦东到了夜晚就相当于西方的那种鬼城一样。最后西方变成没有人要去住内城，可能你顶多是去那儿上班，你会发现内城犯罪率很高，像大伦敦这种地方，大家都跑到外头去住，坐着各种交通工具再跑回来。西方已经经历了这么一个过程，而我们还正在往这个地方跑，而且我们的这种进程到现在为止没有停止的倾向，所以你说的那个圈子是个少数派圈子。

云计算至少给后工业时代的生活方式扫除了技术障碍

这个我要跟你争论了，我承认你说的是对的，中国可能在相当长一段时间是沿着城市化的方向在走。我觉得这恰恰是中了工业化的毒了，他们觉得这就是工业化先进的表现。那次我去硅谷跟他们的官员聊起来，我问了一个问题，他的回答让我傻眼。我说你们怎么做到先污染后治理的？我们知道经常是工业化之后人们回到自然开始治理污染了。他觉得莫名其妙，他说硅谷不是这样，当初硅谷设计规划的时候就不经过污染阶段，它是一个葡萄园，原来是酿造葡萄酒的，不搞任何工业化和带污染的东西，直接是葡萄园和IT的结合，叫做硅谷，最后保持的自然风貌非常好。换句话说，当初设计路径的时候并不是说一定要有工业化的过程，但是它给人一种非常适合创意的环境。其实我们原来的环境就非常适合，比如说中关村，中关村在历史上是一个非常漂亮的地方，在《帝京景物略》里面就讲白石桥，白石桥古代叫爽阁，特爽的阁楼，是白石锲起来的。我这儿都有它的古画，这时候北看海淀，西看香山，俯瞰玉泉，感觉特别好。那时候北大是什么样子呢？北大在古人孙国光写的《游勺园记》中讲了，"更从树隙望西山爽气"，在北大校园里可以直接看到西山，那一带是非常爽的地方，当时

在云中工作

人们的理想是听着布谷鸟和农歌相答。海淀如果当初按照硅谷的理念来设计的话，相信今天会变成一个特别适合人居的地方。现在的海淀简直不得了，车挤得完全无法通过，而且到处都是水泥柱子一样的大楼。我觉得这不是因为我们没有硅谷的财力，而是取决于人们的价值取向和偏好。我不否认可能现在是少数人会有SOHO这种想法，但至少云计算让多数人实现在家办公的技术障碍没有了。

云雾缭绕遮不住现实的残酷

对，这个我承认，我刚才说了这一派叫信息高速公路系统派，云计算导致了信息高速公路系统派成为现实，但是关于云计算的一些想法会撞到一个坚硬的现实上，这个世界遵循的是一种政治经济学的规律。换句话讲，硅谷可以有果园和那么好的环境，但是有大量的生产是在东莞这样的地方进行的，在这一带有无数的打工者，而且是好几代的打工者了。为什么富士康那么多人跳楼，富士康流水线上的人渴望什么东西呢？他渴望某一个螺丝帽掉到地上可以弯腰去捡，因为这可以打破生产的枯燥节奏。这是很残酷的，这里面已经形成一个残酷的产业链分工。硅谷可以动用它的脑子，中国是大量一代一代的劳动力，像东莞可能经历了五六代，这种活只有年轻人能干，干到一定的时候就走了，然后换新一拨人来干，这帮人就永远来干这个事。当你在想有些人可以逃到某一些地方，过着一种电子时代的田园生活的时候，你会发现会有大量的人不仅是逃不起的，还要拼命往里面挤，因为里面有生存的最基本的东西。当我们在云计算的云遮雾罩之上要想到现实是很冰冷的、很坚硬的。

未来的组织是什么样的？
——组织的内外边界将会消失

你说的有道理，但不妨碍我们看到云计算为组织机构的变化带来新的可能性。未来的组织是什么样的？其实它与以往组织的最大的区别是以往的组织是金字塔化的结构，上下级分明。将来如果是一个扁平化的结构会是一个什么样子？我觉得不妨设想一下，那时候组织的头儿会是什么样子，现在组织的头儿给你提供了厂房、办公桌、给你发工资，所以你要遵守他的这套游戏规则，包括像在富士康里面。我觉得

云之用

将来组织的内外边界首先会消失了。这时候组织和非组织已经难以区分了。人们可能以任务为单位,把很多东西都给外包出去了,会形成链式的合作。在这个链式合作里面很难说谁是领导,谁是非领导,不能说前一个工序的是领导,后一个工序的不是领导,只是前后序的关系问题,这时候会带来组织的很多变化。

云时代质疑企业存在的理由

有一个大家最经常谈的组织当然就是企业了,企业就是一种组织。科斯用一篇很经典的文章论证了企业为什么要存在,因为有交易成本。虽然科斯一辈子没有写过什么宏篇巨制,就凭这么一篇文章就在经济学史上被大家广泛引用。他说之所以很多东西不能纯粹靠市场来交换,是因为交易成本太高了,必须要用企业的方式才能够把这个资源最大化。但是很可惜的是科斯没有生活在互联网时代,这么一个伟大的经济学家如果生活在互联网时代再来说这个交易成本,也许就会考虑这个交易成本会不会低到影响企业本身存在的可能性。那样的话恐怕他的理论也要受到一定的怀疑。换句话讲,他当年很雄辩地论证企业能够存在,今天由于交易成本大幅度降低,可能这个东西需要重新论证。

以小胜大,以短暂胜长久

其实意大利人说了一个很好的想法。未来的组织可能有多种形式。意大利人有一个利弊的分析,谈到做大企业好还是小企业好的时候他这样说,如果小企业和他的外部环境(产业区)的协调成本低于大企业和它的内部车间的协调成本的时候,恐怕这些地方就不想做大企业了,而想做小企业了。我们这时候把小企业换成一个人也是这样的一个概念,如果人和周围的网络之间的协调成本低于组织内部车间之间的协调成本或者和业务单元之间的协调成本,人就没有必要在组织里面了。组织是用来干什么的?正如刚才胡泳说的,它是为了降低交易费用,就是说关起门来一个圈子的内部交易费用低于外部市场交易费用的时候,这个组织才有必要存在。如果外部市场的交易成本也低了,这个时候企业的边界就没有必要存在了。

在云中工作

现在的虚拟企业开始是把自己的非核心业务外包出去，以便降低成本。现在出现了什么情况呢？核心业务也可以外包。典型的众包就是把核心业务外包。都外包了之后企业之内和企业之外还有什么区别？都让别人干了，谁适合做什么就做什么。好莱坞的小制片厂反而斗败了大制片厂，原因是什么呢？有的企业可以非常小，比如一个人成立了一个公司叫做威利第二集有限公司，我们的名字都是倾向于起得越大越好，这个人拍一个片子，一集成立一个公司。他说我不养闲人，大的制片人要养十个男主角和十个女主角，然后从里面选出一个去演片子，其他人闲着。等于用一个人养九个人，他们之间还互相斗，拿到角色的不一定是合适的人，也许女二号抢到这个角把女一号挤掉了。我这儿不养闲人，只用世界第一，世界第二被我"开除"了，事实是她根本就不存在，进不了我的企业。我告诉你我在拍威利第二集，你想当第三集的主角，你要等到我拍第三集时再来。我只用一个女主角，她是女一号，世界第二被我淘汰了，可见我可以选最好的。除此之外，我的成本非常低，我拍完了你走人，我又不管你下半辈子，也不管你的劳保和社会保险，我们之间只是一个简单的合同关系，而不是天长地久的关系。这些都会对企业造成很大的冲击。

有组织行为而无组织实体，呈现为自组织、自协调

另外，你说没有组织它还有组织。比如说在论坛上聊天算不算组织，它有组织行为，但是没有组织的实体，组织的几个要素都没有，但是人们聚到一起了，在一起本身就是一种组织行为了，就是无组织形式的一种组织。比如说它有组织的协调功能，有组织的行动的功能，但是它可能没有领导功能，也没有其他的功能，但是它可以把人们聚集到一起。将来是自组织、自协调。

组织与非组织的融合度会大大提高

我觉得最近有一个例子，大家几乎都举这个例子，就是Linux系统和微软系统的对抗。微软的特点是出高薪招揽全球最优秀的软件人才到我这儿来，给你最好的条件，你们把你们的聪明才智发挥出来，做最好的产品，从消费者那里挣钱。微软这个思路是传统企业的思路，这是无可厚非的，也挺好的。但是Linux给它造成一个被动的局

云之用

面，Linux 没有这个组织，但是它有人才池。它的人才池能够把全世界对这个操作系统的爱好者聚在一起，每个人根据他的判断为这个系统做小的工作。微软当然可以用它的逻辑来说你的人才池跟我的没有真正的区别，为什么没有真正区别？你的人虽然多，真正发挥作用的肯定还是少数，虽然有十万蚂蚁雄兵，这里面真能给 Linux 起到巨大贡献的还是少数的天才。它说你跟我是一样的，不是池子里所有的人都能构成产品的核心，真正的精华还是由几个核心来完成的，我们微软做的是把核心直接从市场上选出来了，我跟你没有那么大的区别。

但是微软忽略了一个很大的事实，就是它的组织有边界，一旦有边界就会是一个相对封闭的系统。如果你说 Linux 的那个形式一定要叫组织，其实已经不太像了，比如说 Linux 组织的核心是开放的，它没有边界，没有边界导致组织里的人也没有边界，就是说他们永远跟外界产生交换，那个交换是每时每刻都在进行的，所以说整个组织的生产是处于一种开放的状态。在这种情况下如果用工业化概念来说，我们可以说微软的模式还是福特式的，而 Linux 的模式是后福特式的。

我也不认为微软这种组织一定会消亡，大家不要太理想化说以后所有的组织都没有了，如果没有组织社会肯定会乱套。我觉得有一些东西可能更适合由网络型的组织来做，不适用过去的封闭型的、专业型的组织来做。在这些地方，传统的那种组织一定会消亡，因为打不过后来的这种不是组织的组织。还有一种情况是，即便那些不会消亡的组织也必须把自己很多方面改造成开放型组织这样的形态，比如微软要致力于更多地打破企业的界限才能跟 Linux 进行高级的较量。换句话讲，可能将来企业组织和非组织的融合度是越来越高的。

项目型组织挑战百年老店

我觉得另外还会有一个重大的变化，我们想象的组织一说想成立企业都想做百年老店，这个观念可能会消失。我能不能办两个小时的企业，这个企业就想办到四点钟结束，我就是两点成立，四点结束。也就是项目型的。比如说为我们今天谈话成立一个组织，它有一定的结构，过了以后物是人非了。这时候就跟云就完全一样了。云的聚散不会有一个圈，来圈着云往哪儿飘。一会儿是这个云和那个云组合，一会儿是那个云和这个云组合。我听说硅谷经常有这样的事，一个人兜里揣着几十个公司，跑到不上税的地方办了好多公司，上午办一个，下午从兜里又掏出一个来继续办，可以连续为某一个具体的细小的任务办。比如说他发现上午几点几分的时候老板有一个难题了，解决不了了，我不是作为下属跟你打交道的，我是另一个公司跟你合作，我成立一个两小时公司专门解决你的这个问题，咱俩平等合作，把你的问题解决完了这个公司自动解散。为什么没有任务了还要总是立在那里空耗？现在的企业经常有一种困惑，当初企业成立的时候市场需求很旺盛，现在没有市场需求了它还在苦撑着。理由是我的企业要做百年老店，不能消失。没有任务了还不消失？赶紧干别的去。也就是快聚快散，云就是快聚快散，它聚的时候雷霆万钧能量巨大，散的时候烟消云散毫无踪迹，根据气压、气温、阳光，水该聚就聚，该散就散，不是非得赖在那儿。我就是不散，你那是要干嘛？

百年老店存在的理由

可能有人要做百年老店，百年老店是做什么的？它所满足的需求一定是没有弹性的。今天要吃饭，明天要吃饭，后天也要吃饭，不是说今天要吃饭明天不用吃饭了。这就像电厂似的，找一个角落成立一个电厂，百年、千年就在这儿耗着，寿命特别长，因为需求非常稳定，也不需要引入什么竞争，老老实实给大家服务就可以了，但是真正前沿的需求可能是瞬息万变的。

除了这种没有弹性的需求，可能这个社会一定要有一些贵族化的需求或者是艺术化的需求。百年老店可以满足这种分众的需求。

为小众而存在

有两种人，一种是赚钱为了花钱，还有一种是"货币爱好者"，他们赚钱就是为了看着钱舒服，将来这种为赚钱而赚钱的人将变成一种小众。可能大家说钱挣到一定程度就开始专注于个人的事情了。这些人不会这样，赚了一辈子够花的钱还要接着赚，这就属于赚钱兴趣爱好者。有人说人这辈子最大的遗憾是人死了钱没花了，现在大家都是人还没死钱没了，这很悲哀。如果钱挣够了以后，是否要继续为赚钱而赚钱这个问题就变得现实了。

云之用

有哪些人更适合网络吗？

农民会比工人更适合网络吗？这是戴森的观点，我觉得戴森的观点跟我的观点是完全一样的。我认为农民在本质上是特别喜欢网络的，他喜欢社会网络，喜欢社会关系的交往，这有网络的特征。另外他喜欢在家办公，特别喜欢直接见到结果，不像工人生产出东西，卖给谁了也不关心。农民其实很在意，甚至他生产出的土豆，最好看到是谁消费了他的土豆。他这种生活方式、生产方式，包括部落化的方式都和网络特别合拍。农民可能没有条件上网，一旦技术条件、网络条件具备了，他的教育素质上去了，会比工人更加合理地利用网络。反过来说工人倒和网络是隔着一层的。工人习惯于单位的方式，习惯于生产出来的东西不知道给谁了，反正给了下家就是了，不需要跟最终消费者见面和对其负责。

农民与工人的不同，还在于农民充满创意。我看美国将来有倒霉的时候，因为美国没有农业社会。你想让农民群体实现标准化是非常困难的，比如说你告诉他要把土豆生产得一模一样，他就愁死了。你生产的饼要像麦当劳、肯德基一样标准化他也做不到。但是在另外一个方向上，你想要使生产出来的东西都不标准，一切都是个性化的，对他来讲太容易了。本来他做的什么东西都不一样。他给你缝一个兜子，这个兜子和下一个就不一样，因为都是个性化的。工业化让农民特别难受的是什么呢？工业化为了降低成本，要求这些农民都要按一个模式、一个方式来思维，这时候对农民造成了极大的压抑。农民擅长个性化定制，现在就缺信息、缺网络。我觉得未来工人不会消失，他提供基础价值和劳动力，大规模的生产估计将来还会存在。另外就是降低成本，包括云计算里面一些集中性的计算可能还是按照工业的方式来做。这些都是未来社会中会保留的。除了这些之外，就要求有增值的生产方式出现了。增值要求出现的时候就不是比谁成本更低，而是看谁更有创意。那时农民多的国家就占便宜了，因为农民擅长个性化定制呀。我真不是开玩笑，我觉得到那个时候中国会成为创意大国。农民现在为什么还达不到现代个性化定制的要求呢？是因为这些人还没有吃饱穿暖，没有达到那个社会发展阶段，他的能力也没有释放出来。如果全部中国农民都吃饱穿暖了，房子也盖完了，饱食终日无所用心的时候他们干什么？满脑子怪异的想法就出来了，挡都挡不住，就可以成为巨大的创意来源。这时候有农民的国家和没有农民的国家差异就出来了，比如说法国有农民的历史传统，意大利也有农民的历史传统，我也许是杞人忧天，我为美国担心，美国上来就工业化，没有农业社会，它将来的创意人才可能会受限制。

因为他们搞麦当劳这种标准化的东西有强大的力量。之所以美国现在的创意能力强，我觉得是因为社会发展到这个阶段了，人的素质高，所以它也有很强的创意。但

在云中工作

是到全民创意的时候未必就是它强了,很可能是那些有非标准化传统的国家强,就是有农民的国家强。我是胡说八道了,但是我找到一个知音,戴森就是这样认为,戴森认为农民更加适合互联网。

无孔不入的工业化

我还是觉得奇平把农民过于浪漫化。农民不是永远追求在两亩三分地、老婆孩子热炕头。如果他真的追求老婆孩子热炕头,像我们说理想的状态是"农妇、山泉、有点田",如果他真的是这样的,就像你说的就真到了农民和网络相得益彰的时候了。问题是工业化对农民的影响太大了,导致农民完全变异了。你说的农民爱好歧异不爱好标准化,我们市场上时不时有毒豇豆、毒韭菜,这所谓的毒豇豆和毒韭菜全部都是工业化的后果,为了提高产量,农民为了挣钱。我们可以把它叫做"农民的狡猾",不是贬他们,而是说他们为了生活不得不采取这样的生活智慧,他自己吃的菜和市场上卖的菜绝对不是一种菜。

触目惊心的创造力

我都可以给你补充一个例子。我觉得最惊异的是农民竟然制造出假鸡蛋,鸡蛋里面居然还有鸡蛋黄和鸡蛋白。如果叫我做我用一万个鸡蛋的成本也造不出这个假来,他居然还可以做到成本上划算,让你拿到鸡蛋的时候完全分不出真假。里面又有鸡蛋黄又有鸡蛋白,让你吃的时候才知道是假鸡蛋。有这个功夫还不如直接生产真鸡蛋,可见他的创造力有多强。当然这不是在做好事,他造了假的鸡蛋,但是居然造的成本这么低确实令人惊异。他们这种创造力如果用来干正事,潜力是不可估量的。

工业化还能走多远?

这个需要引领一下价值观了。农民受到了工业化强势的价值观影响,现在整个社

云之用

会工业化是主导。工业化的主导是什么？就是要大规模地降低成本，这件事把农民彻底压垮了。

而且工业是全球化的，它在全球做成功了，低端的产业链就是这帮人在这里干。我不是说农民不好，而是说农民已经深刻地被工业化、全球化影响了，现在不能够浪漫地说还存在那种纯洁的农民，或者我们叫原型农民，农民已经被扫荡殆尽。为什么哥本哈根会议上达不成共识？后面的这些人说第一是我生存还没有解决，凭什么想地球将来如何呢，这不是我该想的事。第二是你已经享受了你应该享受的东西，凭什么我就不能像你一样也去享受过一次以后，再说我不想这样了？我觉得这些后发的国家仍然在不可遏止地向着前面已经证实是死胡同的这条路走，至少到目前为止我还看不到曙光。

中国制造的衰落

但是我看到一个迹象，中国制造的衰落是一种迹象。它现在学，学到什么程度就开始拐弯了呢？它无非学什么东西呢？大规模制造，然后拼价格战。在这方面能够把丰田拼下去，把惠普拼下去，最后压得它们无路可走，导致降低质量出问题。这是农民在工业化的过程中释放出的巨大能量。但是会有拼到头的时候，大家的成本都降低了，最后谁都不挣钱。这时候风水转过来了，这时候要比谁更加有创意。

这时候有几种情况，一种是发达国家的工人回去当农民了。比如说在上世纪80年代的时候我看到一个非常有意思的对话，中国的代表团到美国去，美国的农场主说我的孩子非常不成器，将来当不了农民，只好让他当工人。他的意思是说，因为我儿子的素质不够，所以当不起农民。他的老子当农民是对着卫星遥控自己的设备，去测土，然后施肥，看土壤里缺什么，需要高度的知识，然后全部的机械化。这时候他觉得当农民是高度知识化的，农民面对的是自然，自然现象千变万化，要求的知识更多。工人面对的是机器，相对要简单。他觉得自己儿子素质不够，只好当工人。这是高度发达的情况下他们会返璞归真，回归自然。

还有一种情况，是农民越过当工人的阶段，直接进入创意产业。我觉得事情没有绝对的，可能大部分农民还是认为当工人好，涌进城市，这个趋势还会不断继续发展。但在一定经济压力之下，当云计算给农民提供创意工具的时候，他可能重新选择：我

在云中工作

是去务工，还是给人设计窗花、手工艺品？如果他发现创意产品能卖出去，可能就不走工业化路了，直接从农民小生产的创意，借助工业化、云计算的条件，进入到后现代的工艺设计、创意产业中去了。

比如说现在在欧洲的法国、意大利，那里有大量的有工艺品牌的乡镇需要创意人才。从中国移民到那里的，净是搞艺术的。搞艺术的这些人未必是需要工业化的那些东西，有可能从农民跨越式地一步走到那里面去。美国硅谷就是这样。这些也只是设想，作为对未来的探讨，我觉得云计算可能适合这些人，或者至少给这些人一个过去没有的机会。比如说农民说我的一技之长是我在家里会剪窗花、会做手工艺品，这个东西本来在农村都卖不出去，可是反而可以在法国意大利卖出去。发达国家给你把工业化的问题都解决了，有一些工人把这个问题解决了，现在就要你的创意，这时候说不定就会出现新的情况了。

当然了，总的来说我是赞成胡泳说的，中国要想到这个地步需要的前提条件太多了，可能走不到让农民彻底发挥个性化定制优势这一步，在这之前农民就被异化为工人了，这是可能的。

而且我们现在只考虑的是技术和信息结构的变化，没有想到现实政治这一块。社会这一块的成本会更大。现在越往上政治体系越庞大，有的县乡穷得发不出工资来了，这些地方唯一的出路就是卖地，卖了地以后农民就只能进城打工。

我觉得最主要的是我们的制度条件不具备，如果具备制度条件能让人的创造性得到越来越多的发挥，这才是社会的进步。允许你个性发挥而且天下不大乱才是社会成熟的高境界标准。在低境界社会，管理只要一松，你稍微有一点自由，社会就大乱。这是属于治理水平跟不上。这个事情跟各个国家的历史有关。中国是官本位的国家，官本位本身造成很大的社会成本，最后使人的创造性发挥不出来。云计算可以提供发挥个人创意的技术基础，但是制度条件未必配得上，这是个问题。

未来人们的职业会多样化吗？

多样化是没有问题的。未来的人才市场会怎样演变呢？我觉得这两个问题可以当做一个问题，将来人们有可能职业多样化，所谓全面发展的问题，前面胡老师倒是提

云之用

出了全面发展中的多重自我的含义。我觉得现在还有一个演变的现实含义,每个人的才能都是多方面的。之所以每个人找到一个固定的职业其实是现有的这种经济要求于我们的。它把行业分成360行,非得让你在某一行里面去做。分工专业化导致了人的才能只能在一个领域里发展,实际上按照正常的状态,我觉得一个人同时从事十几个行业完全没有问题。从哪儿看出来?古代的精英一个人可能懂得十几门学问。亚里士多德什么都懂,什么都可以做得很好。现在的精英,很难设想拿诺贝尔物理学奖的人去拿化学奖,几乎没有可能,如果让他跳过物理学、化学去拿经济学奖更没有可能了。现在实际上限制了人们的这种发挥。如果将来条件合适,每周的工作时间不需要八小时从事同一种职业,而是根据自己的兴趣去选择,有可能一个人从事多种职业。从舞台上人们可以反串多种角色,就可以看出来,这是可能的。个人条件没问题,就看社会条件具备不具备了。

未来人才市场应该越来越像股票交易所

而且人可能一辈子为多个机构服务,根本不一定要忠于一家了。三十年在一个单位工作基本上不太可能了。我的观点是我觉得今天的招聘和应聘模式非常过时,因为还是按照过去的组织模式,假设招来的人对我应该有忠诚度,这个人我给他一个固定的岗位,专门培养他在那个岗位上的能力。现在很多组织特别时髦的东西是你适合管理就在管理岗上做,有人技术很好不适合管理,就设立一个技术岗,尽管你没有头衔,但是你的工资有可能比管理层工资更高,我可以根据人才的不同来设置。

但是我觉得它们没有从根本上认识到今天的自由职业者不像是劳务市场上的商品,而特别像在纳斯达克上市的股票。我觉得人才市场将来应该越来越像交易所那个方向发展。换句话说,那个价格是时刻波动的。这个交易所同时联系买主和卖主。如果你用交易所的比喻,可能有些人是专门的承销人才,所以他可能是人才的承销商;另一部分人可能是人力资本的投资商,可以带领人才上市;人力顾问可以为这个公司提供各种人才组合的建议。你会看到人才在这里面时刻地卖出和买进,价格从来不固定。当然我可能是理想化了,但我觉得这才是趋势和方向,而不是目前企业需要人的时候要么开实体的招聘会,来一大帮人排队,要么在招聘网上收到无数的简历,在中国所谓的人力资本就是要左考核、右考核。

在云中工作

创意人才面对大企业的尴尬

前一阵子出现一个有趣的事,有个大学毕业生说在这样的传统招聘里面我太难以胜出了,所以我做一个搞怪的录像,把惠普的广告恶搞一下,展示我能干什么,结果他做的视频就变成一个病毒营销。很多人都看了,说这个小伙子很有才,但是他很失望地发现最终没有一家大公司向他伸来橄榄枝,反而是一些小公司说需要这种创意人才,因为他不按常理出牌,而且他的确有创意。可是这里面还产生一个悖论,做了这个录像的小伙子梦寐以求地想进惠普这种大公司。这说明,一方面公司要改变,另一方面个人求职的观念也要改变。包括将来整个经济的创造力到底来自于哪里,跟这些核心的问题是相关的。

靠个人博客找到好工作

你说这个我又想起招聘的故事,现在有人就尝试了博客式的应聘和招聘。有个小伙子就是想进阿里巴巴,怎么也进不去,没有任何门路。结果突然天上掉馅饼,阿里巴巴两个部门同时向他伸出橄榄枝,因为这两个主管恰好看了他的博客,觉得他适合,一个是做国际化的,一个是软件部门的。两个部门同时找到他。他就是想进阿里巴巴,进不去,面试也总是被淘汰,结果两个主管同时找上门来了,因为看到他在博客上瞎写的东西正好符合他们的需要。比如软件部门看到他在博客上写的一篇文章,他怎么想象软件营销,想出了很多匪夷所思的招。自己没当回事,但是人家当回事了。人家说这个小伙子肯定很适合,就找到他了。

用老板的名字在搜索引擎上打广告

我可以讲一个更酷的故事,一个小伙子特别想进谷歌公司。他觉得谷歌公司太酷了,他知道通过通常的招聘手续基本上没有戏,因为谷歌是大公司,一切东西都有规矩,很难打动他们。他想了一个新招,他购买了谷歌公司主管名字的关键词广告,因为他准确地掌握了一个心理,人们经常用谷歌来搜索自己。这个主管搜索自己的时候发现广告上面总是有这个小伙子,他在上面介绍说我是什么人,我想去谷歌,结果有

云之用

好几个部门同时给他发了通知，让他去面试。

多面手还是专精人才的天下？

对，我很赞成你的说法。首先，造成现在人们就业门路窄、片面发展的一个重要原因是信息不能全面，将来的趋势是人越综合发展越全面，知识越专、越细越不容易全面。富士康要求每个人做自己工作的时候不允许知道上家做什么、下家做什么，这个人从进企业到出企业都不知道自己在做什么，它的目的是怕信息泄露。到云计算的时代不可能做到整个流程对所有人保密，于是人们既可能知道上游是什么也可能知道下游是什么，不可能用一个知识把人完全束缚到某一个领域当中去。人要全面发展，知识来源要广泛，并且要有综合能力而不是简单的分析能力。

第二点，将来就业的时候未必通过现在专业的部门去就业。比如说将来简历这种形式有可能不适用了，简历是把一个人高度浓缩抽象，里面还可以造假，将来可能是全程记录。你做过什么事都有记录，可以从这里面看出你擅长什么，哪怕你在大学里成功组织了一次酒会，那也证明你的经历。到了美国大学那些学生使劲参与社会活动，是为了在简历里面说我曾经有过什么经历。我们现在的简历方式就看不出来，只能看出你的学习成绩如何，但是更多丰富的细节看不出来。人家可能就是要你做某种别人做不到的事情，他有可能通过你的整个经历来选择用你还是不用你，而且不一定是一生都用你，可能就用你某一个特长。我看了一个电视节目，说有一个人对台湾的某一条峡谷特别熟悉，别人都通不过，他能通得过。他对本职工作并不擅长，但是别人要想通过峡谷都要找他。他靠这个东西就成了。

将来职业不确定了以后，怎么保证人们的职业稳定也是一个问题。如果吃了上顿没有下顿了怎么办？我觉得可能会出现人才公司的分化，有些公司会去从事人才的增值服务。它们不是按照企业的需求推荐人，而是按照人擅长做什么给他持续地安排连续的工作。可能会有这种情况。这时候可能是增值的产业，我为你提供人生设计，你擅长什么就把你推介到什么地方去，丰富多彩。我觉得这有一点不安全，如果这样就完全打乱了就业。他有可能两个小时内突然赚了很多钱，剩下两个月没人理他，他会有职业的不安定感，生活的质量会受到影响。需要有专门的进行职业生涯设计管理的机构。

在云中工作

更多的隐私，还是更多的个性化增值服务？

　　职业生涯设计管理会成为为人服务的产业。比如说，你把你的工资分给我一半，我能帮你持续就业，或者我帮助你依靠一技之长猛赚一笔，一招鲜吃遍天都有可能，不同的模式都有。比如说一个小孩谱一首曲，在中国目前最高能够获得3,600万，一首曲子写完直接办理退休手续，剩下就是游山玩水，这可能也是一种方式。中关村的人一般就是干十年，把一辈子的钱挣下来就退休。国外很多人能做到这样，但不是所有人都能做到。所以需要提供另外一种方式。我可能不是超天才的，写不出这样的曲子，你帮我持续就业。这些服务在云计算时代慢慢起来了。它的基础是你的行为可以全程记录，这就是必要条件，这时候就不是怕自己隐私泄露的问题了。比如说所有的材料，有可能所有的人生轨迹都被机器掌握了，这时候人要衡量是利还是弊。我谈女朋友的时候是弊，因为网络知道我以前骗过很多女孩子，这事被记录在案；但是工作经历我也许是愿意被记录的，愿意对人事经理或者人事助理开放这个东西，让别人可以根据我过去人生的经历和做过的事帮我推荐到哪个地方去工作比较好。

　　这个信息披露与否是个人自己决定的吗？我觉得这里面应该有一个规则，首先得经过被利用了个人信息的个人同意。现在反对的只是不经过个人同意就用他的个人信息，美国现在争论的只是在这个问题上。有的人过度保护，个人信息完全不予开发，我觉得这样也过了。实际上个人隐私和社会知情权，或者别人为你提供加工增值服务的权利，这两个权利应该是一半对一半。具体到个人来说界限就不一样了，这里面应该有一条关键的原则，个人同意，你同意到哪个程度，将来社会为你提供哪个程度的服务，规则也应该是个性化的。对大家适用了，可能对你不适用，你要想牺牲更多隐私权，你获得的是更多的个性化服务。如果你不想得到这种服务，可以把隐私权保护的尺度限制得非常严，这样别人可能不会给你提供个性化服务。你为了保护个人信息，只好忍受大路货。

广告和窄告会并存。打广告的时候跑到大众媒体上去，卖东西时还是用窄告的方式。前提是对媒体有基本判断，媒体不全都是个人媒体或分众媒体，媒体里还是有大众媒体。

人的信息行为基本上分为三种：第一种是阅读，第二种是观看，第三种是使用。

以前是两分法，媒体面对受众，你是广播者还是收看者，你是表演者还是观看者，完全是分开的。现在这个界限打破了，打破以后导致我们没有办法界定。原来媒体生产的东西我们都知道，现在被动的消费者也主动生产东西，你说这个东西叫什么呢？英文出现一个词叫"内容"，大家把所有的东西统称为"内容"。

内容以及内容的生产都消费你的注意力和时间，这时候可能导致内容供给过剩。内容供给过剩的极端是人人媒体，每个人都是媒体，每个人都在供应内容。当所有人都在供应内容，内容供给一定是过剩的。

在不惜任何手段争夺用户注意力的情况下，几年之前还有以内容为王这一说，现在内容为王已经 out 了。我坚定不移地认为用户为王。

酷是当下的、短暂的，只要玩到一定时间以后，酷一定会变俗。

云与个人空间

云与个人空间

窄告时代

　　云计算会带来窄告现象，就是广告的消亡。为什么？广告存在的前提是一对多模式，而且是广播模式。广告存在的一个基本前提是大众媒体的存在。如果将来不是大众媒体而是小众媒体的话，广告这种模式和小众媒体是不匹配的。比如广告对所有人都宣传一种产品，实际上照顾不到每个人的个性化需求。最典型的现象是这个广告浪费了一半，有一半明知道是浪费的，但不知道是哪一半。这里的意思是不能针对不同的用户、不同的听众、观众和受众设计不同的广告内容。

　　有了云计算高度分布式的计算模式之后，出现的可能不是大众媒体，而是小众媒体、分众媒体和个人媒体，各种"客"形成的媒体，我叫做客流媒体，包括博客、播客、闪客……几十种客。客是什么意思呢？和它相对的是一个单位机构概念。主流媒体是由单位办的媒体，客流媒体是由客一个人办的。一个人单打独斗办媒体，这时候受众面相当窄，是小众区位，相当于细分市场这么一个效果。这时候对广告产生什么影响？首先广告变成窄告了。对特定人群办的媒体，最适合对特定人群打的广告（实际是窄告），另外一部分人群可能无动于衷，这类广告在以往大众媒体广告里已经有前身。前身是什么呢？过去经常有形象广告和营销广告之分，营销广告往往不是泛泛地打品牌，内容是某一种产品非常实在的功能，告诉你我的功能和价格，你买还是不买。这与形象广告泛泛地对买与不买的人都增强品牌意识，定位是不一样的，是着眼于人们去买。

窄告具有营销广告的特征

　　将来的窄告我认为首先具有营销广告的特征。它力求的效果是把浪费和不浪费的一半分开，只花有用这一半的钱。从现在的商业模式演进来说有些已经做到了，比如说按点击付费这一种方式，在网页上点击了才能支付。但是也出现了点击欺诈，百度上的广告经常有点击欺诈的现象，有人会动员一批没事干的人整天点击，进行捣乱。然后又出现了另外一种变化的付费形式，就是按照打印付费，你看中我的广告以后把

云之用

我的广告打印下来，按照打印次数让广告主支付广告费。还有一种更直接的方法是按呼叫付费，广告上有一个电话号码，消费者看到感兴趣了就呼叫这个电话，这种电话可能是800免费电话，这个电话打到厂家，中间有人记录，把打电话的时长记录下来，根据这个付费，这样保证打进电话的是真正的目标客户，否则动员很多人打很多电话本身成本就吃不消。像这种做法可以做到一枪打一个鸟，不浪费，只有针对真正的潜在客户才会去打广告。

让厂商心甘情愿支付广告费的妙招

厂家以前是先支付广告费然后再打广告，然后坐着等。现在发生变化了，先不付广告费，而去等在广告上公布的电话号码被拨打的情况。电话来了以后，根据第三方记录来多少电话、有多少时长，是按电话次数或是总电话内容时长支付，这时候厂家就心甘情愿支付了。

如何调动中小企业打营销广告？

这时候我们发现一个现象，它对广告费产生什么影响呢？以前所有企业里只有1%的企业打广告，中国有3,600万家企业，3,600万家企业只有1%打广告，99%都不打广告。采取这种方式以后剩下99%的企业都可能调动起积极性来打广告，它一旦付这个费用就等于它有收入，解决了这个问题。

没有云计算之前也有厂家试图这么做。比如说戴尔电脑公司特别刁，给每个媒体的电话号码都是不一样的。它看是谁打的电话，它就知道是哪家媒体起了作用。这种模式在云技术普及后更加容易，真正能做到一点对一点做广告。这样很多中小企业就由不打广告变成打广告了。

云与个人空间

从广播模式，到窄播模式，到一对一模式，还有漫长的路

正常接受广告的人只有15%，但如果不影响观看，绝大多数人可以接受。要从用户的心理去了解，他对广告是一个什么态度。大多数人对广告是持排拒态度的，他觉得占用自己的时间。我觉得这是广告的特点，窄告一般没有这样的特点。窄告一般是客户自己主动去拉、搜索、呼叫，没有这样的问题。窄告正好克服了广告的弊端。比如接受者感到看电视时不断被广告打断占据自己的时间了，或者自己不感兴趣，对方还在那里喋喋不休，这时候广告的供与求之间不是匹配关系。也就是说，窄告可以避免广告对用户心理的干扰，窄告更容易被用户所接受。

但由此可能产生一个问题，窄告只适合影响购买行为，企业要想打品牌或做形象的话窄告还是用处不大。这个问题怎么解决？

说到品牌广告，往往不着眼于直接购买，目的是要树立企业形象。有的企业品牌广告和推销广告是一致的，有的企业不一致。有的企业是跨业经营，打品牌除了卖这种东西以外还卖别的东西，在这种情况下品牌广告和营销广告完全区分开来，因为不直接卖什么东西。很多情况下品牌广告起到的作用是提升价值。广告的本质是什么呢？同样的使用价值由于差异化卖出了不同的交换价值，是提价的作用。但刚刚说的问题是一个新的问题，即如何在营销广告意义上起到提升品牌的作用。

我想的话是这样，可能还有一部分形象广告，可能是针对具体受众，也可能是针对不同受众，取决于产品线是多元化的还是一元化的。在营销过程中可能面临别人的竞争，营销的广告只不过是缩小了受众范围，作用还是一样的，比如让你决定由购买到不购买。

还有一个问题是说当你面对同样使用价值的时候，对手说它的价值更高。这样在窄告之外还会出现别的东西，比如说文化附加值、情感打动、湿营销，以此增加它的亲和力和附加值，会不会出现这个情况？

对这个问题简单的回答就是广告和窄告会并存。打广告的时候跑到大众媒体上去，卖东西时还是用窄告的方式。

前提是对媒体有基本判断，媒体不全都是个人媒体或分众媒体，媒体里还是有大众媒体。像Facebook这样的公司，如果已经聚集5亿全球用户，显然是一个很大的市场。别的同样做SNS的小网站可能就要做细分，有的是纯粹做商务社交的，它所吸引

云之用

的广告跟Facebook所吸引的广告还是有巨大差别的。

广告的核心问题是，以前广告商不是特别在乎消费者的想法，以前广告的载体——大众媒体不是特别在乎读者的想法，因为它是大众媒体，是广播式的，每个个体诉求在它那里作为数字是忽略不计的。它们的做法是把人群按照统计学的标准加以区分，比如按照你的年龄、男性或女性、收入高低进行切分，切分完了以后变成一个一个小群体，是按照这个来设计模式。但现在遇到一个很大麻烦，云计算所造成的分散化很广泛，有时候难以归类或者消费者不愿意被你归类，这时候消费者对广告的期待发生了巨大变化。变化体现为三点。

第一，对目标不明的广播广告不留意、不在乎，你播就播了，我无动于衷，跟没播一样，这是典型的广播广告。

第二，特别反感广告的干扰，我对分众已经厌恶到一个极端的程度，它极大地干扰我，因为它把公共空间换成了商业化的私人空间。广告干扰最让人讨厌的是，在某些城市当中看到出租车驾驶员的后座装一个电视，而且那个电视乘客是没有办法关掉的。如果能让你关掉也就罢了，你坐在后边，电视不停地闪很烦，很多城市都关不了，司机也关不了。这是一种典型的广告干扰。我觉得这种东西不会给企业带来好的结果，反而带来副作用。大家为什么烦垃圾短信、垃圾邮件，是一样的道理。

第三，对不相关的广告会置之不理，最典型的是互联网横幅广告。横幅广告可能卖得比其他广告还稍微贵一点，但横幅广告对读者、网民来讲根本没用，你天天上网也不会知道那个广告是什么，永远不记得打了什么样的横幅广告。

广告如何从广播模式，走到窄播模式，走到一对一模式，我觉得这中间还有漫长的道路。

呼唤以消费者为中心的"拉"模式的广告

这里边又引出新的问题来了，不管窄告还是广告都是推这个模式，有没有拉这个模式的，这样反感可能大大降低。举例来说，有没有以消费者为中心的广告，换句话说，消费者想获得什么信息的时候相关的信息才提供过来，不需要了，挥之即去。比

云与个人空间

如消费者购物，购物的时候我还在找广告，比方我想买一个电器设备的时候，这时候发现我电器知识匮乏，我倒希望有一些好的推销信息提供给我，这时候我是不反感广告的。但平常我不买或买完了的时候再给我就非常反感。

窄告把人分成好几类，这种方法有效但效果不大，因为人有可能是跨这些侧面的，无论是广告还是窄告都很难精准地对应上所有的面。而拉式广告以消费者为中心，从消费方提出广告需求。比如消费者走到一个商场时，他感兴趣的点是他要买的东西，这时候他想看广告也看不到广告，这时候有没有适合于他的广告模式？比如手机能不能通过定位功能，在他进某个商场大门时，给他提供只针对这家商场的导购信息，这种信息叫做广告也罢、叫信息助理也罢，从我心理来讲是不反对的。但一出了商场门就不欢迎了。现在搜索引擎已经能做到，顾客搜索的时候，只生成顾客所在位置的商业信息，200米以外的都排到后面去。

媒体形式没有创新到这种程度。我特别希望有一种媒体在一两分钟之内迅速生成一份报纸，但在两分钟之内迅速解散，报纸创刊于我推商场门的那一刻，报纸倒闭在我出商场的这一刻。我需要设定，我今天买皮鞋，跟皮鞋无关的不要打扰我，男士逛商场跟女士不一样，女士什么都转，我是直奔目标。

对女性来说，跟商场有关的，目力所及有关的产品都可以拿来，包括别的主妇对这个商场的评价和抱怨。我需要的时候它来，不需要的时候它走。所以我感叹现在媒体创新滞后于广告创新，广告从技术上可以提供一对一服务，但好像没有一个合适的媒体可以是一对一的。比如说速生速灭媒体、两分钟媒体、进门到出门之间的媒体。日本已经打破媒体形式了，不是把广告放在媒体上，而是把媒体放在广告上。一般情况下，广告往往不起作用，但如果广告是一个打折券对主妇的吸引力非常大，因为意味着你直接就可以省钱。报纸办在打折券上，印点什么信息，打折券本身很小，印不上多少东西，但跟要卖的东西有关，比如是食品打折券里边介绍一些食品广告，这就是一种创新的方式。

开动意念搜索引擎，随心所欲找到我要的书

我觉得云计算会令人的行为发生变化。传媒中的书这类东西一旦和云计算结合，人会出现什么行为变化？就是指推和拉，会不会出现了拉书，换句话说，不是你给我推过来让我看什么东西，而是我去找，我去找是通过搜索引擎。云计算现在配合计算

云之用

机的趋势是什么呢？意念控制电脑。英特尔在2020年要实现意念控制电脑，现在用意念控制鼠标这个环节已经实现了，我看到的样机是人已经像阿凡达一样在里面走来走去，就是你可以用意念，控制你的阿凡达，在虚拟世界里面走了。这个时候我就可以发明出意念控制的搜索引擎，我想要什么内容，这个书就来了，把一千本书拆成一万个单元，根据我的需要重新排列组合，在一瞬间内被拉到我的脑子里。举个例子，我进到百货商场，把只要跟我看到的衣服有关的信息都拉过来，用我意念的搜索引擎从各种云端搜集，这些东西都分布在云端里，把跟这个有关的"书"拉过来。我现在要解决这个问题，平时很忙，比如说现在我想挑电视机，又不想费脑子，这时所有有关电视机的知识的书在一瞬间排列组合到我脑子里来，等我付完款以后这些书爱到哪里去就到哪里去。这是从需求的角度来讲。我在思考一个问题，比如说我跟胡泳在湖边散步，突然胡泳向我提出一个陌生的问题，我从来没有准备，现翻书来不及了。这时候我会需要什么？我需要通过意念的搜索引擎，将各种相关预备知识，拉到大脑中来，看上面说大哲学家对这个问题是怎么想的，曾经有过什么史料，先准备好了，我在这个基础之上，继续往下跟胡泳探讨问题。我现在觉得不满的是什么呢，我在真的跟胡泳谈的时候，现翻书来不及了。通过拉模式迅速找到我要的知识，这是我内心的需求。

提供个性化服务与保护隐私权之间的界限在哪里？

要充分了解每一个消费者的需求特别难。真的了解到以后牵扯到我们的隐私权问题。

马上提的就是这么一个问题了，理想的广告是一种语用广告，它依据的不是商品的语义细分市场，语义广告只能对应到细分市场。真正以消费者为中心的广告我把它称为语用广告，要了解用户的背景，把所有信件、所有成文的东西都收集到一个数据库里，就知道这个人的兴趣点、个性、偏好等等，不用读信，分析它的词就可以看出来。这个人老使用形容词他可能是很感性的人，老使用某一个词可能是某一个细分市场的人。还有就是他的购物记录，对他曾经在POS机刷过卡或买过什么东西，进行关联分析。再记录他的行为路径，跟什么人交往、到什么场所去、他的经历、他的历史，有这样几项数据，这个人没跑了。这个人不可能到第二天跟以前的历史全部割断，有了这些数据就能相当精确地了解这个人了。

云与个人空间

但隐私何在？消费者保护组织觉得在机器上弄一些像小甜饼（cookie）的东西会影响到顾客的隐私。商家辩护说这是为大家提供个性化服务。个性化服务再往前走两步就可能和隐私正面相撞了，尤其在云计算时代。云计算时代硬盘都不需要了，所有东西都可以存到云端。比如周鸿祎说我给你一个密码信箱，你可以存情书，我肯定为你保密。大家看着周鸿祎就笑，我为什么把情书放在你这个地方，你今天不看，明天咱们俩打起架来的话你会不会看？我相信周鸿祎不会看，成千上万的信他也看不过来。但大家有这种顾虑。大家不用硬盘的时候，你承诺替我保护商业秘密，那还有黑客呢。再说中国人的信誉很低，动不动就把人家的信息给卖了，有这方面的顾虑。个人也有很多顾虑，有很多的隐私；官员也可能有很多隐私，要在国外账户存点东西。这下热闹了，现在不是有局长日记流出来吗？这样怎么办？确实是一个两难的问题。如何处理，你有什么高见？

个人自由与个人安全之间的平衡

没有特别的高见，这是一个看似简单的问题，可能是人类在信息化时代面临的关键问题之一。把这个问题重新阐释一下，我认为就是个人自由跟个人安全之间的平衡问题。通过这些技术是为了获得更多个人自由，应用到购物上是为了获得更多购物自由、消费自由。但获得这些自由的基本代价是要丧失你的个人安全。单纯从技术演进和数字化使用者角度来讲，我觉得这个趋势会倒向更多的自由和更少的隐私。为什么我特别讲到数字化使用者？因为代与代之间的差别太大了。我们称之为"数字化原住民"的这帮人越来越不把自己的隐私当回事。他觉得相对于自由来讲安全是第二位的事情，所以可以看到他们大量分享各种东西。他们的分享到了令人瞠目结舌的程度，上一代人觉得特别瞠目结舌，觉得受不了。

还有同辈压力的问题。青少年时期他受到的最大压力不一定是来自于老师或父母，最大的压力是同辈。他要看周围群体这帮人都在干什么，这帮人都在干而他没有干他就会有被排斥的感觉，他也会产生从众行为。

我对于隐私以后在人们生活中的地位非常担忧。

云之用

每个人都有可能成为15分钟名人

在隐私丧失的时代，每个人都有可能成为15分钟名人。

比如那个踩猫事件，没有网络那它就是一个个人隐私，把猫踩死了。大家用兴趣爱好投票选择踩猫者是明星了，因为大家对这个事感兴趣，这15分钟你成为公众人物。你成为公众人物付出的代价是知情权高于隐私权。再比如说深圳的局长，深圳史上最牛的局长，说"你们算个屁"。他喝醉酒了，喝醉酒什么出格行为都有，但他偏偏被镜头照下来了，说"你们加在一起算个屁，我有背景，我是官，你们算什么"，这把大家惹怒了，人肉搜索把他家里的事情全都搜索出来了。我认为隐私权要和知情权进行权衡。

隐私权与知情权的分野关键在于个人的意愿

解决隐私权与知情权的矛盾最主要靠什么呢？将来涉及立法，从建立游戏规则的角度讲，一个基本原则是个人同意的尺度。我看过几种人：一种人恨不得把自己隐私主动披露出来，美国有一个人说你们想不想看我的隐私，我有好多隐私，只要你出钱我就告诉你隐私，恨不得只要有人出钱就卖；第二种人，不管你给多少好处都不出卖自己的隐私。现在隐私保护组织倾向于什么呢？尽量不对隐私权进行商业性开发。我觉得事情恐怕得有个平衡，极端敏感的隐私，比如说"艳照门"这种触犯了底线的隐私要保护。但一般的隐私可不可以作为商业化资源，让别人去了解？我觉得这是可以的，但得有一条线就是个人同意，同意开放某种资源。可以把隐私度分成几个级，你同意到哪一级，别人可以进入到哪一个层次开发你的隐私信息，你如果不愿意对方就不应该去打扰你。比如，我购买衣服的信息，什么颜色的、多大号的、腰围多少等等，也算隐私，我可能不愿意让异性朋友了解到，但为了便于商家给我提供个性化服务，经过我同意，就可以开放给商家。现在更多的情况是大家在自己不愿意的情况下隐私被泄露了，比如自己的账号信息、消费场所信息被披露以后招来无穷无尽的垃圾广告。现在对这种做法没有合适的法律加以规制，我觉得这个需要解决。

云与个人空间

当越来越多的人只观看不阅读

在这个虚拟的时代书应该以一种什么方式存在？会不会以后书都变成电子书了，印刷的书随着纸媒介彻底消亡了？在这个新的信息空间里书能做些什么？

我觉得介质不重要，重要的是行为。如果人的阅读行为还存在，书就一定存在。这纯属个人的观点。我把人的信息行为基本上分为三种：第一种是阅读，第二种是观看，第三种是使用。玩电脑就是使用，使用里面可能既包括阅读也包括观看。

我觉得现在的人越来越多的时间在观看。如果我们还要坚持用阅读这个词，也只能说，人们习惯于阅读影像，不习惯阅读文本和文字，这是另外一个问题。但是，只要是阅读文本的这种行为还存在，书就会存在，不过介质并不重要，以后书可能就是像电子屏一样，或者是全触摸的，甚至可以做成书页，用手一按书就翻页了，甚至可以有沙沙的声音，这个技术完全可以实现。对传统书有怀念的人可能会说我只有拿着一本实体的书，闻到油墨的香味才觉得是看书。其实油墨是臭的，但是就是给人一种实体的感觉，反正书有沙沙的声音才觉得是看书。然而，新一代的人如果没有看到过印刷品那种书，生下来就是阅读这种电子书，他反而会觉得印刷书奇怪。

所以，人的阅读行为存在书就会存在，报纸也会存在，报纸跟书是类似的，都是纸的。介质一点都不重要。

书的话语权设置与云计算时代30秒140字的主题模式

我觉得书是一种设置话语权的方式，书这个话语权一设置，至少把这一两个小时或者一两天固定在这一个地方，我认为这是不合理的。将来云计算会冲击它，会冲击成什么呢？冲击成另外一种模式，140个字实际上使话语权设置变得高度灵活，不是让你思考一整天或者一整年沉浸在一本书的语境里面，它可能针对的是人们在30秒之内关心什么。这时候竞争这个话语权，这种可能是非精英式的话语权设置。大家对什么感兴趣？说那个大楼着火了，大家快去看，央视点了大鞭炮把自己烧了，在这半个小时之内这个话语权成为全民关心的话语权，所有人把资源集中到那个地方去了，这时候你跟他讲宏大趋势他都不感兴趣。过了半小时烟消云散他可能对别的事感兴趣了。我觉得这140字看起来是技术限制，实际上是一种进步，多了也没得可讲，你不能让

云之用

人看140字以上的东西，必须让人看一个当下大家马上感兴趣的东西。

广义出版包括个人表达

大家也看到了，现在技术已经非常发达，尤其是80后、90后的这些年轻人，他们可以在网上进行各种DIY，比如说我做一个Video、我做一个MV或做其他什么作品，这种东西算不算出版？有些人只是做个人展示，把这些东西放在自己的空间里、主页上，有人来转载，有人觉得好的话还会给它评分。还有人把自己的作品传到一个网上，现在有很多网，比如像土豆网。这种跟传统出版有什么区别吗？它是否也算一种出版？

要回答这些问题，就要看你是从狭义还是广义上定义出版。为什么信息化时代产生一个词叫"内容"？大家发现没有办法用以前的词来定义用户生产的这些东西了。以前是两分法，媒体面对受众，你是广播者还是收看者，你是表演者还是观看者，完全是分开的。现在这个界限打破了，打破以后导致我们没有办法界定。原来媒体生产的东西我们都知道，现在被动的消费者也主动生产东西，你说这个东西叫什么呢？英文出现一个词叫"内容"，大家把所有的东西统称为"内容"。

博客是典型的个人出版

广义角度讲你生产了内容，同时拥有向全世界发布这个内容的途径，我觉得这就是出版。像博客就是一种典型的个人出版，给了你一个往互联网上写东西的软件，因为博客本来就是傻瓜软件。写完以后，你有本事让全球在同一时间看到你写的东西，我觉得可以把它叫做出版。这里头有一个巨大的变迁，以前人们只消费那些广播者给他的内容，现在可以发现，用户花大量的时间消费同侪生产的内容。

云与个人空间

过剩的内容争夺稀缺的注意力

现在周围的人都在生产内容，也要去消费这些内容，导致对消费传统内容所需占用的时间产生挤压，这就是为什么现在没有人看报了。以我个人的信息消费习惯为例，我每天早上要花很多时间处理邮件，要登录我的博客和微博，与此同时还在用IM工具，可能同时还在与别人手机聊天。这时候发现用于大众媒体消费的时间越来越少，消费内容的注意力和时间有限。其次，创造内容的时候也耗时间，比如我写一篇博客很耗时间，全天挂在微博上，即使每条只有140个字，也耗时间。所以说内容以及内容的生产都消费你的注意力和时间，这时候可能导致内容供给过剩。内容供给过剩的极端是人人媒体，每个人都是媒体，每个人都在供应内容，这时候没有分众市场，一个人就是一个市场。当所有人都在供应内容，内容供给一定是过剩的。过剩的对立面是个人的时间与注意力稀缺，导致个人的时间与注意力在这个时代变成极为宝贵的资产。

争夺注意力的螺旋定律

在注意力稀缺的时代，怎么能引人注目？得争夺这个东西。注意力有个螺旋定律，这次为了吸引注意力，采取了极端手段，下次就会发现，必须用更极端的方法把前面的极端灭掉，才能吸引到注意力，这就变成螺旋状了。绞尽脑汁出招，但发现出的招还是俗招，下面的人还得想更酷的办法。

比如讲，中国博客的普及与一个叫做木子美的女人的性爱日记相关，之后又出现了一系列网络红人，她们无一例外都是女性，靠搏出位吸引眼球。有一个名为"木木"的博客，写作"一个视频舞女的身体日记"，一竿子把前面所有的"红人"打翻，她宣称"竹影青瞳算什么东东，芙蓉太土，黄薪太老，比木子美更美，比流氓燕更流氓"，这就是典型的注意力螺旋定律。

在不惜任何手段争夺用户注意力的情况下，几年之前还有以内容为王这一说，现在内容为王已经out了。我坚定不移地认为用户为王。

云之用

"俗"和"酷"是当下的一对矛盾，
而非"俗"和"雅"

谈到当下的大环境，可能不可避免地要涉及"俗"和"雅"的问题。当代社会不存在"雅"，"雅"已经被俗打得千疮百孔，没法立足只好投降。"俗"的对手是"酷"，大家都"俗"了，现在你要想吸引大家的注意力，唯一一个脱"俗"的办法就是让自己做的事情或者产品特别酷。

我认为"俗"和"酷"是当下的矛盾，不是"俗"和"雅"。

过去农业社会人们崇尚自然而然的东西；工业社会追求的是幡动，不管心动不动。现在心动太难了，而"酷"就是那个要让你产生心动的东西。可是，悖论在于，所有的心都动了就不"酷"了。"酷"是当下的、短暂的，只要玩到一定时间以后，"酷"一定会变"俗"。

第一个穿格瓦拉的人很"酷"，最后到街上卖菜的人都穿的时候就变成"俗"了。

惊奇性的稀缺

为什么时尚流行这么快，刚兴起什么东西没有两天就俗了，这个俗就是缺乏新奇性了。将来稀缺什么？稀缺惊奇性，没有什么事让我激动了。比如说第一个阿凡达特厉害，再看两个又受不了了。要求每个人不断变花样，这是工业社会所没有的。工业社会是今天看这个，明天看这个，后天还是看这个。如果给你创造一个完美，但是让你天天看同一个，这似乎不见得符合人的本性。

现在的人有了越来越多的创造性。商家发现一个东西酷之后就大规模生产，这样就完了。就像云一样，不可能让两朵云一样，云是千变万化的，是自然而然的，没有两片云是一样的。这时候精英和草根不仅是消费群体，还是创造群体，这个的好处是多样性，能给你带来新奇性，新奇性本来就有价值，会给你无穷无尽的玩法。我观察儿童就是这样，儿童总也玩不烦，看到什么都是玩的对象，见沙子就玩沙子，把世界当成玩具，或者自己构造世界，如果变成一个成人他就没有这个兴趣了。成年人已经失去了想象力。但成年人在云的帮助下可能会有返回童年的感觉。

企业神经末梢上的信息都汇集到老总这儿的话，恐怕老总不是做出更好的决策，而是做出更坏的决策了。本来他今天的日程已经排得非常满了，如果看不见的话就直奔主要工作去了，现在一到现场满眼都是细节的东西，陷入了细节。这样反而耽误事情，最后老板发脾气，觉得员工小事都办不好，还让自己来操心。

很多老板最后索性桌面上不放电脑了，不接触这些东西了，就听人给他汇报。意思是让别人帮他过滤一遍信息，把重要的和不重要的分开，把重要的交给领导。

对老板来说，不管有多少信息化，也代替不了御驾亲征。你可能还是要实地考察自己企业的运转，包括你的商业对手的情况。因为信息具有某种中介作用，如果过多地淹没在信息当中可能会丧失对现实的把握。

将来企业一定是多种组织形式并存，可能职能化的、等级制的结构在某些地方还是必须存在的，但与此同时要组建大量的项目团队，有的地方要建虚拟组织，根据企业面对的不同情况进行不同的组织设计。

在商业中迷失

在商业中迷失

信息过度集中使老板陷入细节，而忽略了重点

我现在在国资委担任国资监管信息化咨询组专家。我们对企业进行信息化评测时发现一个现象，企业非常重视信息化，但是很多老板不用。下边有很多很多的信息，老板仍然是依靠口头汇报。后来我们思考这是为什么？实际上，很多老板看了这个信息以后反映并不好。以前是逐层汇报，汇报到他这里，他面对着七八个人给他汇报的信息他能很快做出决策。但是现在底下把信息一股脑全都堆到了他的桌面，包括下面的营业部，营业部下面的分支，所有信息都摆在他跟前，他不知道该看什么了，也不知道该怎么决策了，反而陷入一种迷乱的情况。他不愿意面对机器了解这么多信息。反过来说，有一个专家跟我说，下边对信息化的理解就是把信息都往上堆，所有能报的信息全堆上去让领导决策，等于把信息都推给领导了，这样领导面临的信息量过大了，没法集中精力处理主要问题了，我觉得这是一个很大的问题。

将来云计算的情况肯定还会更严重，企业神经末梢上的信息都汇集到老总这儿的话，恐怕老总不是做出更好的决策，而是做出更坏的决策了。我看过有的老板对企业非常关心，他是眼不见心不烦，如果他看见了，比如看见一个员工在那儿打瞌睡，他就过去把员工叫醒，然后训斥一顿。本来他今天的日程已经排得非常满了，如果看不见的话就直奔主要工作去了，现在一到现场满眼都是细节的东西，陷入了细节。我看到很多老板正事没办，都关注细节去了，这样反而耽误事情，最后发脾气，觉得员工小事都办不好，还让自己来操心。

或是创建一个决策支持系统，或是按重要程度过滤信息

好的情况是有一个决策支持系统，专门为老板进行战略分析的系统，能帮他分清楚这个信息有战略价值还是没有战略价值，是交给一般人处理还是需要交给领导来决策，这样领导的负担会轻一些。但是现在看来这方面做得比较薄弱，很多老板最后索性桌面上不放电脑了，不接触这些东西了，就听人给他汇报。意思是让别人帮他过滤一遍信息，把重要的和不重要的分开，把重要的交给领导。信息量大了以后怎么区分重要信息和不重要信息成为一个困难的问题。

云之用

解决信息过多与决策质量下降的矛盾：
化繁为简，以简驭繁

我接着姜老师说，说到信息化跟老板的关系有一点很重要，不管你有多少信息化，什么也代替不了御驾亲征。你可能还是要实地考察自己企业的运转，包括你的商业对手的情况。因为信息具有某种中介作用，如果过多地淹没在信息当中可能会丧失对现实的把握，所以我觉得这个是很重要的。

关于太多信息和决策质量的问题，我觉得这是一个简与繁的问题，你能不能做到化繁为简或者以简驭繁。因为现在商业变化有一个巨大的特点，客户要求客户与商业之间的界面是简单的，如果这个界面比较复杂客户会觉得他不能迅速找到他要的东西，他会觉得很烦恼，因此对你提供的产品和服务产生不好的感觉。未来商业给客户所呈现的界面一定是简单的，但这种简单有一个悖论，支持这个简单，背后的东西可能是复杂的，只有复杂系统才能支持简单界面。在这种情况下你能不能处理好简单与复杂的关系，对企业来讲是一个巨大的挑战。

决策前移与集中决策

现在云计算都说是存储，把一堆信息存储到后台。能不能帮老板做一些信息加工工作？除了存在那儿以外，再筛选一下，决策支持能否起到这样的作用？

我觉得机器有一个缺点，它擅长处理复杂的东西，但在化简的本领方面是有局限的。决策可以分成两种：一种是感性选择，即直觉性决策，一种是理性选择。理性选择或者说机器的选择经常把一件简单的事情变得非常复杂，直觉具有化繁为简的能力。但是机器往往难以具有直觉能力，这可能是机器的局限，最后还是由人出面决策。对于战略问题、方向性问题，可能会有这样的现象。

另一方面，对于云计算来说，需要决策前移。是不是什么都需要老板来决策？老板需要决策的是共性问题、企业方向性问题，如果将来云计算使这些企业面向客户、面向终端，这时候面向的是个性化服务，情况千差万别。如果事事都让老板决策，恐怕老板做不了个性化决策，所以势必要求决策前移，让一线员工决策，甚至由CRM客户关系管理部门，直接面对用户部门决策。这个决策可能连接着总部的大脑神经系统，由后者帮它优化分析，然后根据具体情况做出具体判断。好比美国在打伊拉克的过程中，每个士兵背后的系统都连接到五角大楼。他在现场发现问题，比如前方几百米有目标，这时候发现即消灭。接着由总部发指令给作战系统，空军过去了，投下炸弹，这个过程就结束了。

在云计算之前人们的决策方式不是这样的，要层层汇报到后方，一线战士是没有决策权的。现在可能给他一些授权，在哪几种情况下可以直接决定事情。比如我听说他们是这样分的：轰炸成本在五千美元以下的，士兵自己可以做决定，招来飞机直接炸就行了，不需要向上请示；到两万美元、几十万美元权限可能逐层往上升。

将来领导做某种类型的集中决策，到客户服务时可能会给予员工一些授权，比如多少钱之内的问题他自己处理。这样既解决了集中决策问题，也可以实现分散决策。也许将来会是这样的。

决策前移与倒三角的两大难题
——海尔的实例

决策前移符合一些企业正在进行的探索。因为我对海尔是比较熟的，我大概每年会跟张瑞敏谈一次，他现在大力做的东西是"人单合一"，就是人怎么与市场目标达成完全一体，单就是指订单。他实验了很多东西，现在在企业做所谓的"倒三角"。从几何图形来看，我们说过去企业组织结构是"正三角"，是等级制，越到上面权力越大，底下越接触客户的人越没有权力。但是你会发现，最底下的面对客户最大的端口构成了最长的边，也就是说，"正三角"的底部是企业与社会的界面，人们通过这个界面了解企业，但在这个界面层的人，是最没有决策权力的。海尔做倒三角的核心原因是，这么多人接触一线、接触市场、接触客户、接触供应商，他们却没有决策权，信息经过层层传递，在传递过程中出现失真、出现信息淹没商业的真实感的情况，最终导致决策出轨。所谓"倒三角"，就是要通过组织结构的颠倒，让员工直接面对市场。

云之用

我觉得这样一个东西是所有做企业家的人的一种梦想，真正把企业价值和客户价值做到一起。但这个东西很难实现，IBM前掌门人叫郭士纳，郭士纳成功地把IBM带出了泥潭，成为世界上特别知名的企业家。张瑞敏到美国在佛罗里达见到郭士纳，跟他讨论说现在海尔在做"倒三角"。这是张瑞敏自己的描述，他对我说，他在纸上这么一画，就看到郭士纳眼睛一亮，很兴奋。"倒三角"这个东西很简洁，郭士纳立刻就知道他想做什么。郭士纳跟他说，原来IBM也想这么做，但发现两个很大的问题，"倒三角"式的决策前移难以进行。

第一个问题，所有人都面向市场，会产生一个后果，没有人会关注新的市场机会。因为大家都去解决眼前的问题，没有人真的去想十年以后企业是什么情况，有没有长线和短线的配合。

第二个问题，当你把组织结构由"正三角"变成"倒三角"以后，原来层级结构中有大量的职能支持部门，比如财务、人力、IT部门，他们原来都是领导，是在员工之上的，现在一线团队盯着用户找客户需求，但后续所有提供支持或提供资源的部门可能跟不上。跟不上导致要反过来协调内部关系，这时候可能自顾不暇了。这是当时郭士纳讲IBM做"倒三角"遇到的两个比较大的困难。

倒逼体系能否成功？

我问张瑞敏怎么解决这个问题，他提出一套现在正在做的东西，比如采取倒逼体系，用一线员工目标倒逼后面所有部门的目标。这变成他做"人单合一"的核心核算，算能不能倒逼出这些结果。

我觉得他会遇到很大的麻烦，但这是一个趋势，一定要让更多的一线员工有决策权，同时避免出现只顾眼前不顾长远的情况。另外很重要的一点，企业内部不是只能有一种组织形态。为什么我这么说呢？张瑞敏一直在海尔实验各种东西，比如每个人成立一个小公司；现在又做"自主经营体"，把很多业务化成一个一个的经营体。海尔原来的组织结构完全是日本式的，大产品部类分成本部，本部下面再设若干事业部，事业部下面再设若干经理。现在把这些全部打破做"自主经营体"，经营共同体里可能有一线员工，也可能有财务支持人员、有IT支持人员，有点像过去的矩阵式管理方式。这里头有一个可贵的思路，将来企业一定是多种组织形式并存，可能职能化的、等级制的结构在某些地方还是必须存在的，但与此同时要组建大量的项目团队，有的地方要建虚拟组织，根据企业面对的不同情况进行不同的组织设计。企业内部的组织结构可能还蛮复杂的。

重新审视客户的决定性价值

我对刚才那个问题有点补充，沃尔玛曾经说过一句话，一个企业里只有一个人能把包括董事长在内的人全部开除，把老板在内的人全部开除。老板平常都是开除别人的，谁能开除老板呢？只有顾客，顾客要想开除董事长和老板很简单，只要把货币选票投给他的竞争对手就把老板开除了，所以显示出最终客户的决定性价值。决策端的前移反映了云计算的趋势，过去人们追求中间目标价值，现在开始移向最终价值，而最终价值对于中间价值具有决定性作用。以前的方式不是不对，但是为顾客服务的人，企业要先为他们服好务，但这经常演变成自我服务甚至自我中心了，最后忘记客户，本末倒置了，经常出现这样的弊端。

参谋长制
——阿里巴巴的实例

云计算的大趋势肯定是向终端用户靠近，但在靠近过程中可能会产生新的问题，比如郭士纳说的怎么能够看到全局呢？从刚才的讨论中，我发现必须得兼顾，一方面要让一线员工更紧密地贴近市场，使他能随时做出决策和调整，加大他的决策权；另一方面，我在看阿里巴巴。阿里巴巴非常重视客户，一线员工的权力非常大，因为它的生意非常新，总在不断变化，稍微跟不上就会遭遇群起而模仿的山寨竞争。它采用一个方法是参谋长制。曾鸣是他们的总参谋长。企业里设总参谋长干嘛？而且他不是进行商业决策，就是要看远，就是跳出眼前看长远，比如他会找一些未来学家聊天。

这个参谋机制通过一个团队来体现。这个机制有两层：一层是战略参谋；一层是研发，研发理论前沿的东西。它要研究两种东西，一种是未来学的东西，一种是战略性的东西。所以他们会找理论专家深入探讨前沿。有一次我印象比较深刻，他们找到

云之用

一个未来学家，幻想到什么程度？说物联网出现以后的物流配送，红烧肉自己跑你嘴里去了，有传感性了。

贴近市场与前瞻未来

物联网出现以后物有智能了，物就会主动寻求帮助。这可能是一个比喻，但至少可以看出他们在想什么问题，显然不是客户端想的那些现实问题，而是考虑长远。我觉得二者得结合，云计算一方面要贴近市场，另一方面也要站得高以适应未来。

阿里巴巴的战略参谋机制和研发机制是分开的。战略机制更贴近商业战略方面，研发要考虑未来学和理论上的问题了。

云之义

云时代是精英还是草根的天下？从大方向来说对现有的精英是不利的，肯定是对草根有利的。

有可能会变成卡拉一切的可能。他不求完美，但求这是自己做的。

精英没落的趋势很明显。凡是今天想端着保持精英姿态的人处境会比较悲惨，不只是艺术家。

互联网无非是把民主化推行到了所有的领域。单就精英和草根两分法，精英全面失守，因为专业和业余的中间障碍被打破了，所有人都可以进攻专业。都可以给你挑毛病。十万只蚂蚁啃大坝，最后大坝轰然倒塌。这时候你会发现其实是一种抹平的过程，虽然你承认世俗化的伟大胜利，你也必须同时承认这个水平是在往下走的。

即使你能记录整个东西的过程以及最后的成品，但是记录不了所有在场人的体验。

很多方面体验比创造出的有型物体更为珍贵，体验创造了有型的物体。这个体验是不可替代的，所以Linux不是冲着最后结果来的，很多就是智慧的狂欢。

精英与草根

精英与草根

草根与精英的界限会变得难以分辨

云时代是精英还是草根的天下？草根可能会欢呼说云计算终于让草根翻身了，或者说这个时代让草根有机会了。会不会是这样？

我觉得从大方向来说对现有的精英是不利的，肯定是对草根有利的。将来草根的水平可能是非同寻常了。我们已经经常遇到这样的事，踢足球的运动员可能是医学博士。美国的运动员的职业就有很多，他在这方面达到了很高的水平，在那方面也达到了很高的水平。你说他是草根还是精英？很难说了。我觉得某些事只有少数人做得来这种现象慢慢不是那么突出了。比如说歌唱家可能唱得非常好，但是人家可能不想听这种类似机器发出的完美无缺的声音，他宁可自己唱卡拉OK，自己五音不全，但是他自己高兴。

亲手做的比买来的好

我觉得有可能会变成卡拉一切的可能。他不求完美，但求这是自己做的。比如说小孩子经常做陶艺，做出来的东西歪七扭八不怎么样，但是小孩非常自豪，因为是他自己做的。如果你给他一个完美无缺的陶艺作品，他没有任何感觉，因为他觉得你这是买来的，这是机器做出来的，或者说是艺术家做出来的。这个艺术家在他看来跟机器也没有什么区别，总而言之跟自己没有关系。他自己做出来的虽然有缺陷，但是集合的情感价值非常高。

草根也可以大胜精英

还有一种情况，单个的草根也许不算什么，草根和草根加在一起的时候有可能比

云之义

精英的水平更高。比如说原来铊中毒的事件，全北京市的医生加在一起判断不出朱令得的什么病，后来她的同学把信息发到网上，结果收到了1,200封来信。这1,200封对那个时代来说已经很多了，其中400封准确判断出是铊中毒。其中一封说他知道中国唯一一个研究铊中毒的人在朝阳医院哪个科，还告诉你怎么联系。直接把这个问题解决了。后来他们做了调查，这里面的人并不是什么医生，都是一些爱好者，可能有的人对铊感兴趣，略微懂得一些知识。大多数人是对铊的知识比较多，医学的知识不是很多。他根据某个症状判断出这是铊中毒，起到了专业医生起不到的作用。这就明显的是草根战胜了精英。

这些草根是专业余者。另外还有一种，草根自己全面发展，变得多才多艺，这方面也可能胜过很多精英。

艺术从云端走向日常生活

关于云时代的艺术会不会消亡的问题，刚才提到卡拉OK，也可以举画画的例子。以前都是用手在纸上画，现在很多人都在电脑上画，这个有什么区别？这个东西是艺术消亡了还是更进步了呢？

我觉得艺术只是一个比喻，我们形成的一些精英的门类将来都有可能消亡，不只是艺术会消亡。艺术消亡之后审美还存在，美和艺术是不同的，美在原始社会就有，甚至在原始人的岩洞里面就有。艺术是对美的高度的形式化。美和艺术的关系，我觉得相当于是糖和糖精的关系。把原生态的美这种"糖"高度浓缩了以后就称为艺术。你在这里面可以看出那些美被高度集中在艺术作品里，这是精英创造的特点。

如果回到原始社会，比如说在欧洲的岩洞里面画的牛，两三笔非常简练，你会觉得画得非常有韵味，这可能不是艺术，就是生活本身。画这个东西不是出于艺术专门化的考虑，可能就是为了祭祀，就是为了实用的某种目的，不是为了艺术，但是和生活一体化了。

假设这些原始人突然复活了。一个爱斯基摩人在一个雪山上冻上了，今天我们把他复活。如果他看到你画出特逼真的像照片一样的牛，会大吃一惊。他觉得怎么这么复杂的东西，他觉得这个复杂不好，因为他注重的是牛的感觉，要一种心理的共

精英与草根

振。你把牛里面相关和不相关的都画上他觉得没有必要。他觉得现在人怎么会这么病态，画得这么逼真在他看来没有意义。他们给非洲从来没有看过电影的人演第一场电影，把这些人吓坏了，以为发生了不同寻常的事情，会有各种各样的反应。

我觉得到了云计算的时代，或者到了高度发达的时代，工业化的东西不是主流了以后，人们会说糖精可能不好，糖更自然，会产生出这样一种生态的观念，或者说社会生态的观念。为什么呢？他认为平平淡淡才是真，可能在生活本身中就能发现美，不一定非得到浓缩的状态中发现美。这说明我的水平提高了。我的水平不够高就一定请专业的艺术家给我展示什么叫美，因为离开了你们，我在生活中找不到美，吃了糖觉得味道太淡了，还感受不出糖是什么，非得是高度加浓了之后到了糖精的刺激强度，才能对糖产生感觉。但是，水平提高了以后，可以感受到淡淡的美。

网络兴起了以后，原生态的美，越来越替代过度加工的美、人为的美。许多网民为什么喜欢看韩剧更甚于看主旋律电视剧呢？因为韩剧原生态的成分较多，比较自然。而国内许多电视剧加工的成分过重，人为痕迹过重，显得不够自然。人们欣赏水平越高，越能欣赏自然而然的东西。越往后有可能越往这个方向发展：艺术还是艺术，但是主要欣赏者从大众变成一些小众了，就是一些爱好者。他们专门就是想为形式而形式，可能沉迷于高度的形式感。京剧就具有高度的形式感，脸谱画得那么夸张，当初是因为后排观众离得远，看不清演员眉目，所以把五官画得很大。脸谱是这么来的。现在有了电视，需要面部细节，一个特写镜头就拉过来了，没必要像京剧脸谱那样夸张地化妆。人们的审美趣味也随之而变。

对大多数人来说可以通过旅游在生活中发现美。在自己日常生活中发现美是有可能的，这和以前有非常大的区别。以前必须有艺术创造力或者受过专业训练才能和美这件事结合在一起，以后可能不经过专业训练了。以音乐为例，一个人过去要经过长期训练之后才弹出动听的钢琴曲，现在一只小猫可能奏出一首小猫奏鸣曲，猫走过钢琴时被记录下来的声音就是音乐。将来我可能根据心情在琴上胡乱地弹一曲，这就表达我当时的心情，我未必受过专业训练，但是我弹的东西可以表达我的心情，这就回到原始人的状态了。原始人表达时不看重形式，而看重这个东西能否真实地表达自己的情绪，至于那个东西不小心留在了墙上他也不在意。不仅是艺术，好多专业的形式可能都会像糖精回到糖一样，回到自然本身的状态。

云时代可能是让艺术从贵族走向平民，或者说，日常生活。我可以幻想，我成为一个阿凡达，这个阿凡达是经过专业训练的。我缺的就是专业训练，但是不缺乏喜悦的心情和想跳舞的感觉，如果能把技能与感受连在一起，就转化成艺术的形式。或者

云之义

说我干脆通过联网云计算连到音乐学院出身的人身上，他负责把我的心情通过某种合作形式表达出来。这指的是我不是艺术专业的，我把艺术外包了，我要的是心情。你一定想法儿让我达到艺术的癫狂境界，因为我不懂技术，不识谱也不会舞蹈。

这时候就会出现很矛盾的情况。比如说芙蓉姐姐，她跳得好还是不好，她显然没有经过专业训练，但是她自我感觉非常好，她觉得做一个S形自己就在里面得到了高度的满足，实际上她没有经过专业的训练。从今天的观念来看没有经过形式化的东西不好看。将来一个人自己扭起来，不是给别人看的时候也许扭得还不如芙蓉姐姐。那时候他就觉得只要高兴就行，不是为了给别人看。

我发现足球运动员和艺术家是一样的，也是专业的。有一个玩笑说上海有个老太第一次看申花队踢足球，她就说怎么二十二个小伙子追一个皮球，给他们每人一个皮球让他们踢多好呀。这就让人家觉得是笑话了。这个老太太整个就是业余的，也不懂。但是我们一想也不是没有道理。如果回到日常生活来说，竞技和娱乐是两码事。你如果为了奥林匹克比赛可能要有经过长期训练的专业人士，这些人被训练得四肢发达才能完成高强度的踢球。对一般人来说如果不是为了干这个，而只是为了通过胳膊腿的运动得到快乐的时候，为什么足球场上只能有一个球？踢两个球不行吗？多设计几个门不行吗？我想怎么踢就怎么踢，在家里踢球的时候有门没门都没有关系，在草地上想怎么踢就怎么踢，这就卡拉足球了。这时候就想了，我要这些足球运动员有什么作用？可能从仪式的角度讲十多亿人看这十一个精英踢可能有用，如果从日常生活的角度、从健身娱乐的角度可能就没有意义了。那时的人怎么看这些专业精英？就好比唱卡拉OK的这些人看屏幕上的演员一样，只当他们是动动嘴形、给我伴舞助兴的傀儡罢了。所谓形式，就是打工者，主子是卡拉OK人的心情。

精英和艺术家沦为草根的娱乐背景？

我觉得这个趋势是日常生活的地位越来越高。现在的艺术作品都世俗化了。我认为云计算会导致俗现象的大量出现。俗和雅的区分无非是这样，雅是高度形式化、精致化、价值集中化的，俗无非是一种日常生活状态。我认为俗和低俗还不一样，俗就是老百姓在日常生活中体验的价值。我觉得目前的专业化会导致过于精致，什么东西要美就必须要完美，不完美这个东西就不是合格品。如果照这个标准，将来云端的老百姓岂不是都没有价值了？将来这个价值分布到云端的时候会创造一种条件，让神经

精英与草根

末梢的小老百姓感觉到有价值，而不是舞台中央的人感觉有价值。卡拉OK的时候配影带的都是特别漂亮的女明星，但是我告诉你不许出声，只许张嘴不许出声，那个声得我出，虽然我是沙哑的嗓子，这就是精英的命运。当精英遇到老百姓了，老百姓想在日常生活中狂欢的时候你就是背景，招之即来挥之即去，而且你还不重要。你擅长的是唱，我就要你不出声，就要我自己的声，你给我跳一跳而已，拿你当娱乐。

这一切是为什么呢？关键是价值取向变了，价值聚焦点从过去的中间价值，聚焦到最终价值了。最终价值就是最终消费者的快乐，过去以专业演员为中心时，也是为了让观众快乐。那时观众还没有能力唱。现在发现，观众自己在卡拉OK时，通过破锣嗓子已经实现快乐了，中间过程就不重要了。将来专业艺术家与专业木匠一样，不过自恋自己千辛万苦练出的技术而已，更适合成立专门俱乐部自娱自乐。

精英的挽歌

我觉得尽管有世俗化的趋势，人的生活也不能只是日常生活。很多时候艺术的价值根本不在成品，在整个传达艺术的过程当中。

精英没落的趋势很明显。凡是今天想端着保持精英姿态的人处境会比较悲惨。不只是艺术家，比如说张维迎说幸亏在陕西的父母不会上网，他们如果会上网，看到网上张维迎贴吧里骂的这些信息他们会受不了，因为网络上这些人对张维迎骂得太不成话了。

我们知道反精英主义对各种大明星产生的这种效果非常明显，包括胡戈对陈凯歌的调侃。又如，大家忽然发现一个曾经获得过国家大奖的一个诗人写的竟然是梨花体，大家群体去谩骂她，因为他们想象不到这个精英诗人写这样的烂诗。

这都是大家在讨伐精英的时候产生的快感。我觉得这个趋势很明显，从网络用语中就可以看出来。现在在网上，专家的"专"被加上了石字旁，成了"砖家"，而教授则是"叫兽"。可是真正的精英的那种悲哀——我当然不是指伪精英，有的人是真精英，有人其实只有精英的壳子，没有实的——真正的精英的悲哀是现实存在的。

我举一个例子，比如说当年政治学史上有一个非常有名的故事，法国人托克维尔从法国到了美国，他是法国的贵族，却对美国做了最全面的观察，然后写了一本传世

云之义

的名作《论美国的民主》。他发现美国是新大陆，没有等级制度导致美国会实现民主，他精确地预见到以后的事情，如果世界一旦民主化以后所有人会变得没有趣味，会向低的那一端靠拢，哪怕贵族唱再多的挽歌也是必然要消亡的。托克维尔的著作为什么会流传，他能理性地意识到他这一代贵族的命运已经被历史注定了，民主一定会把大家拉到比较低的水平。

世俗化的胜利

大家都上网，上网了以后每个人的水准会降低，达到一个最大公约数，一定会取那个数，那个数就是俗的最佳数，会向那个东西看齐。我觉得互联网无非是把民主化推行到了所有的领域，单就你说的精英和草根两分法，精英全面失守，因为专业和业余的中间障碍被打破了，所有人都可以进攻专业。都可以给你挑毛病。十万只蚂蚁啃大坝，最后大坝轰然倒塌。这时候你会发现其实是一种抹平的过程，虽然你承认世俗化的伟大胜利，你也必须同时承认这个水平是在往下走的。

追求永恒，还是活在当下？

这件事是好事还是坏事呢？我倒觉得是好事。

我觉得精英有可能是满足同类项中大家共同的那一部分，就是精致的作品会保留。比如说我们在工业时代也保留了好多原始艺术，带着猎奇的心态。未来有可能看着工业艺术会觉得特别奇怪，比如说从岩洞原始人画东西的角度，他觉得那是正常的状态，你不是正常状态。你和他的区别在哪儿呢？他是唱完了、跳完了大笔一挥就走了，他不想流芳百世，只不过是他当时的心情，他自己回去都不看了。这时候他看到永垂不朽的画觉得没有意义，他觉得蒙娜丽莎多傻，今天笑明天也笑，嘴总是那样咧着，总是一种笑容，多呆板呀。我是自然而然，高兴的时候就笑，过一会儿就哭了，蒙娜丽莎为什么总是在笑呢，那个笑太标准、太迷人了，但我看一眼就够了。

再比如说我看韩剧，韩剧永远都是那么俗，永远都是那么婆婆妈妈，可是看着就

精英与草根

特别喜欢。看完了之后什么都没有，就是早上一顿饭，把我迷住了，他没有说什么，既没有说人类命运，也没有说碳排放的问题，就是一顿饭而已，说得特别有意思，都是细节。我发现有一点，他的表情非常真诚，不像我们的演员，我们的演员在演哭的时候其实你自己想笑，没有办法只好他自己先哭了，他试图引起你也大哭，可是我就是浑身起鸡皮疙瘩，不想哭，因为他不自然。我们现在电影学院或者戏剧学院培养学生，课程上的内容之一是，一说笑大家哈哈笑，这个肌肉往上提，那个肌肉往下放松，看谁保持得久，就像憋气似的，让你把一种表情保持到像蒙娜丽莎一样永恒，这才是标准。当你真正到了镜头面前的时候在想什么？我要想表现笑一定表现一个最完美的笑，是永恒的笑，拿着照片和油画的标准去表演，别人一看这个角度这么不自然。未来人看现代艺术，包括看拉斐尔的艺术也许也会有这种感觉。原始人特别强调情动于衷，要不断地动，可是怎么看到的是一个不动的、呆呆的，在这儿一笑就笑了一千多年的表情，他受不了这个，一会儿就烦了。原始人就是人类的小孩子，小孩子才不会对着蒙娜丽莎傻呆呆地看呢。他一会儿就烦了。将来的人，也会回归小孩子式的天真，喜欢自然而新奇的事物，喜欢具有当下价值的美。韩剧很自然，好像没有经过专业训练，但是每一个都是真的，他不愿意这个笑是永恒的笑，他会看着不舒服。比如说音乐，这个音乐怎么这么完美，一点噪音都没有，这不真实。现实生活中，乐音和噪音总是混在一起的。气声加进来以后大家就感觉好多了，非常亲切，非常贴近人的感情变化。过去的音乐不是这样，人家认为某个东西是噪音，认为音乐非得像物理声音似的发出完全的乐音，乐音是物理的规则振动，他觉得这才是专业的音乐。当艺术过剩的时候，真实就变得稀缺了。当加工的价值过剩后，原生态的价值就显现出来。

此时此刻的体验是独一无二的

在指挥界一直分两派，其中有一派是坚决反对录音的，一定要现场演出，哪怕一辈子只能演一千场，一场都不要录，就是要这种现场感。有人会在现场偷偷地录，让其流传到网上。如果我们没有这种复制的手段，杰作怎么流传下去？这是很让人困惑的事。你可以说复制这个概念是一个工业时代的产物。

德国有一本书叫做《当下的力量》，意思是说所有的事情在当下结清。但是当下怎么能永恒？表演者不要永恒，这场演出的价值就在于现场，现场把大家激发出来就好比原始人围着火跳，跳完了以后你要想复制，我下一次再给你演出，就是这种观念。他把工业时代永恒的时间和永恒的空间变成每一个当下，价值在当下就完全

云之义

实现了。

但是这就有一个问题，他的有生之年可能只能演一千场，过了这一千场可能就完了，所有的成就就不能流传了。

但对他来说，他根本就不想流传，他认为最有价值的是当下，但是与此同时他会看另外一个指标，这个指标是大家有没有反应，对他来说最失败的就是大家在现场呆若木鸡，演得好的时候没有激动的反应，演得不好的时候也没有不激动的反应，这时候他想我宁可死去。

这样的表演者活的价值就是当下，他不认为永恒有什么价值。

云恰恰是这样的，因为云是变幻的，很难找到两朵云一模一样。每一朵云的价值特点就是快聚快散，你要想看云的价值，可能就在当下这一形状才有特定的含义，过去就过去了。

我们解析价值，追求普遍和长远，这恰恰是工业化的价值。人类的中间阶段就是从农民到工人的阶段，他开始否定当下的价值，把偶然的东西变成必然的，把所有现象的东西变成本质的，把暂时的变成长远的，使他的价值得以衍生，我们把它叫做社会化的价值。

到了更高的阶段，人们会想到与其创造一百年不发生变化的事物，还不如当下要充分地尽兴。这时候就要设定价值观了，比如说人们对资本的定义。资本家其实就是商业的精英，人们未必想按资本家的方式生活。资本家牺牲每一个当下，他认为每一个当下都是没有价值的，都应该做出牺牲，然后就把当下延迟，牺牲眼前以获得未来，他认为未来会得到一个更高的回报，比如说会增加价值。这会引导整个社会价值采取什么取向呢？所有人都要牺牲当下，当下不重要了。比如说当下的劳动是不重要的，是应该作为成本付出的，你忍受这个痛苦，最后得到了一个总的价值肯定，这确实是一种生活方式。

我觉得这种工业化的价值过了这个阶段，比如说到了后工业社会的时候，就开始走低了，主要的问题就是它在增值性方面表现不佳。增值性是从当下个性化、差异化里面涌现出来的。这时候人们就会发现为什么要追求永恒的东西呢？我也喜欢当下的东西、有差异的东西，因为每个当下都是有差异的。用法语来说就叫"延异"，每一个时刻和下一个时刻都不一样，而价值恰恰就存在于这一块。因为这一块有一个最大的特点就是真值，投入的真诚度高。比如说邓丽君的歌，如果你听现场，当下受到的感动再也不会还原了。如果我扔下当下的感觉，我要邓丽君完美的带子，追求的是反而比较低一层的价值，放下的是比较高的价值。

价值观的改变会在什么情况下发生呢？当人均收入在三千美元和五千美元之间时，人们追求长远的价值。收入达到五千美元以上就开始随心所欲了，这时候就想此时此刻高兴，忍到明天不高兴就不干了。你跟他说资本就要忍受，牺牲现在为了未来某一个目标他就不干了。他把这个价值理解为酷，酷毙了就是当下的感觉。

还有一点，在全面记录的时代，即使记录了演出，你能记录整个东西的过程以及最后的成品，但是记录不了所有在场人的体验。对，就是心动。

体验比有形的物体更珍贵

当年埃瑟·戴森写过这样一个东西，她跟盖茨一起参观一个吹玻璃表演，一位大师把玻璃吹成各种各样的东西，最后得出的结论是，你可以买大师用玻璃吹出的美丽东西的图片，但是永远体会不到现场的奇妙的场景。很多方面体验比创造出的有型物体更为珍贵，体验创造了有型的物体。

波兰尼也说了，你创造的东西可以使你达到高峰的体验，你会特别兴奋，但是东西出来以后就凝固不动了。知识产权只是知识凝固的结果。这个体验是不可替代的，所以Linux不是冲着最后结果来的，很多就是智慧的狂欢。

先有未来是湿的，然后才有云。所以云是湿的。

湿营销其实是一种高端营销。它作用于人的情感，能够让你产生不同的反应。

中国社会过于干涩了。这个社会如果太干燥会导致很多问题。

云计算就是中国的加湿器。对于中国来讲，你把这个东西利用到最大的程度，让一切能够奔涌的源泉都奔涌起来，这个社会才能变得比较健康、比较良性，人性才能够得到更好的释放。

当大家百花齐放的时候，湿的花要长出来的时候，我们这种体制非常的不适合，因为它的摩擦系数太高，有人觉得这个花不标准，最后想把你的花都标准了。这是园丁心态，要把所有的东西剪得一样平。

所谓的关系绝对不是社会资本，因为社会资本本身包含着对陌生人的信任，就是规则。潜规则之下的东西不是社会资本，甚至可能是破坏社会资本的东西。中国的社会资本其实很薄弱。因为我们没有社会资本，所以做任何事情都特困难。

云计算的精髓是找到人与人之间的联系，而不是信息与信息之间的联系。

云与人性

云与人性

云是湿的

最近"湿件"这个词大行其道。有人对这个"湿件"有一个简单的定义，就是存在于头脑中默会的知识。

我最近给《湿营销》写了一个序，这个湿的正解是心，心具有什么特征湿就具有什么特征。干说的是机械，湿说的是人本身，肯定不是人体是人最特殊的地方，而是人的心是最特殊的地方。

这是一种偏感性的说法。我觉得和"干"相反的概念是笛卡尔的"心物二元论"，他把心和物对立起来了，导致整个世界的物化就"干化"了。"湿"的反义词就是世界的物化，是干的特征，反过来所有一切和物不同的人的特征就是湿的特征。其他都是现象，人只有大脑里活动的东西是湿的。机器不会带情感、带创造性的思维的，知识创造的过程中产生的东西是活的状态，是火山的喷发而不是最后形成的熔岩，这些都是属于干和湿的积累。人情味的东西、感情这样的东西都是湿的。

经济学是干燥的科学

可以说凡是被经济学排除的东西几乎都是湿的，经济学就是一种干的东西。其实应该叫干燥的科学。

先有未来是湿的，然后才有云。所以云是湿的。《未来是湿的》谈到未来的形态具有湿的特征，那些东西都是跟云有关系的。首先，云的这种千变万化和机械就不一样，机械是不会千变万化的，经常是物变化比较少，而心变化比较多。情感这类东西将来在云计算里面会是什么样的呢？我不认为云最后给它集中统一的模式。它给大家提供集中统一的平台，是为了让大家把个性释放出来。换句话说，最后是让湿的东西去发挥。

云之义
工业化的起始及管理学的起始排除一切心性的东西

工业化的起始，包括管理学的起始都是排除所有心性的东西。用泰勒的名言就是你到工厂来就带着你的手和脚，不要带着你的脑子。泰勒式管理的核心就是时间—动作分析，单位时间里面哪个动作最能够达到最优效率。

心是人体上唯一一个自己无法控制的东西

心是人体上唯一一个自己无法控制的东西，而且不是理性所能控制的东西。为什么把恋人叫心上人，就是外在于你的人，她能控制你所有的行为，你天天想着她，她怎么着了，你这边怎么着了。有的时候你会说服自己，跟这个人没有好结果，但是你的心不听你的指挥，你还是爱着她，所以心是不受你控制的。

凭感情来定价

对。它已经在潜意识下了。意识可能用语言来把握，但是心超出了语言的范围。其实是到了潜意识层面了，实际上进入到异质性的区间。过去都是同质性的，同质性是物的特征。把人生进行物化处理以后，人们也开始去掉异质性了，比如说文化是异质性的，潜意识是异质性的，我们说的意识流也是异质性的，都是没法标准化的东西，这是心的重要的特征。

湿营销的价值在什么地方呢？其实它是一种高端营销，也不是说什么时候都适用。日本的大前研一提出一个标准，在可自由支配收入占总收入60%以上时，人是凭着感情来定价的，但是之前是凭着理智定价的。用于衣食住行的这些钱你花也得花，不花也得花，实际上已经支出了，没有自由度。情感定价已经不符合经济人的理性了，不是什么合算不合算，它打动了我的心，多少都合算，如果让我不动心，这个东西质量再高我也根本没有兴趣去买。人们追歌星就是这样，可能这个歌星打动了你，你把钱包一敞，随便拿我的钱吧。都不计代价。反过来对另外一个人来说完全没有感觉，白送我票，还得考虑今天有没有时间，有时间还不一定去，对于不同的人就完全不一样。

这种东西你怎么能够解释清楚呢，湿营销就是作用于人的情感，能够让你产生不同的反应。

湿营销就是满足异质性的需求

其实就是恩格尔系数所说的，对于不可自由支配的收入这部分，你可以选择是这个白菜还是那个白菜，你想吃米饭和馒头可以选，但是吃主食不能选。如果这些钱只用40%就解决了的话，剩余的那些钱就可以瞎花，这个瞎花就进入异质性需求了。湿营销最能打动的是人内心中对异质性的需求。

如何解释为了酷，为了高峰体验可以不计代价？

过去的不湿的营销里面都算得非常精确，大概估算出主食在你的收入支出结构里面就是那么多，通过成本的比较、价格比较、质量比较让你掏钱。到了更高的阶段以后，成本、质量、价格完全不起作用了，因为各种产品这方面都相差不多。对于一个追星追疯了的小孩来说，十块钱、一百块钱、一千块钱没有任何区别了，他会产生高峰体验。一个人特别想要酷，跟别人不一样了，这时候就肯为此付高价钱。

贝克尔研究过人为什么会成瘾。机器不会成瘾。物是不会成瘾的，只有湿的东西才会成瘾。用他的解释成瘾的本质就是对消费形式的人力资本进行投资。投资以后，上一次的消费能够带来更多的下一次的消费，如果出现这种现象就叫成瘾。人们一般的情况是这样的，你消费完一次以后再消费、再消费，越消费越不感兴趣，就是边际效用递减。如果这次消费十个，下一次消费十一个、十二个，越消费越想消费就叫成瘾。它的本质是把人的消费本身当做资本来进行投入，而不是投资于机器。理性经济人投资于机器，作用于人心是投资于人本身，让人本身产生一种高峰的体验。你在成瘾的高端就会产生高峰体验。高峰体验会极度地兴奋，极度兴奋的时候人们往往就不算钱了。人们经常说恋爱中的女人非常傻，她可能不计价，她得到了更高级的满足可能就不算了。

云之义

　　湿营销里面会特别强调个性化的东西、情感化的东西，也就是关系营销，这些东西在理性经济学里面根本不起任何作用。你想通过关系影响别人买东西，对于原来的经济学来说是非理性行为。

当社会的人际成本太高，互联网就是中国社会的加湿器

　　关于云是湿的这个问题，我想更多从中国当下现实出发来谈，我觉得中国社会过于干涩了。用一个不合适的比喻，也就是机械性比喻，这种比喻已经深入到生活中了，因为我们生活在机械性的时代里太久了，忘记生命的本性了。即使你使用一个过时的机械性时代的比喻，你说这个社会的运转像一台机器，那我也要说这台机器的运转极其缺乏润滑。你如果不用机械时代的比喻而用生物时代的比喻，人体是湿的，这个社会如果太干燥会导致很多问题。为什么服务业发展不起来？因为人与人之间交往的成本太高了，你的创新得不到鼓励。你把无穷无尽的时间和精力搭在一些不能够产生价值和效果的地方。

　　这样就导致这个社会的运转会出现很大问题，为什么我们倡导云计算？我在《未来是湿的》中说互联网为什么对中国重要，因为互联网是中国的加湿器。

　　云计算就是中国的加湿器。对于中国来讲，你把这个东西利用到最大的程度，让一切能够奔涌的源泉都奔涌起来，这个社会才能变得比较健康、比较良性，人性才能够得到更好的释放。

艺术在干的状态下难以繁荣

　　这提到人性的高度了，我个人对此深有同感，工业社会一般来说都是把人当机器，对于中国来说还加了一层官本位的因素。中国历来是官本位的社会，这种官本位是遗传的，跟意识形态没有关系，就是一个文化传统，这就双重加大了人际交往成本。城市化已经造成了人与人之间的冷漠化，中间还要去找很多的媒人去疏通，要去贿赂，这时候人为地加大了人际交往的成本。这时候云计算要把中国这个社会加湿了，这种

云与人性

加湿的一个好处是什么？不单纯说中国社会，作为一般工业社会润滑油的作用表现在哪儿呢？律师就可以少一些，过去美国律师都劝人打架，劝你摩擦，摩擦系数越大这些人收入越高。比如说老虎伍兹最后也没有得到什么好处，把钱都给律师了，律师收入的本质就是社会摩擦费，加大摩擦才会得到费用。在一个正常的国家加大了摩擦，在某些方面也会减少摩擦，例如按法制办事了，人治带来的摩擦就小了。而在中国来说除了这一层含义以外，还有一层是由于人治，人和人打交道的成本太高了，这样导致你做事就很困难。现在通过云计算带动降低交易费用，也许不通过律师，不通过社会的官僚化，使涉及人和人打交道的事情都顺畅起来。比如说创意是最典型的，创意是人跟人打交道，跟机器打交道的机会很少。比如说艺术要想繁荣，艺术要想创造，如果在干的状态下只适合生产张艺谋这样集中全部精力去做的。张艺谋还带一点湿味儿。但是春节晚会就太干巴巴的了，所有人都想满足，最后还是满足不了。

园丁心态

张艺谋和陈凯歌也不代表湿味儿，我觉得他们是跨国的好莱坞产业的中国部分。全中国就这么几个导演能拿到那么多的钱，他们所干的事情就是卖出票房，这个票房是世界产业链的一部分。严格来讲我都觉得他们不是中国导演，纯粹是好莱坞电影厂派到中国来的常驻代表，你可以看到他们导的东西是跟中国现实没有关系的，可能发生在一个遥远的地方，有一些虚构的人物，这些人物可能生活在明朝，也可能生活在秦朝，讲的烂故事是纯粹的虚幻和纯粹的奇观，跟中国当下没有关系，所以我对他们的电影评价是非常低的。

当大家百花齐放的时候，湿的花要长出来的时候，我们这种体制非常的不适合，因为它的摩擦系数太高，有人觉得这个花不标准，那个花不标准，最后想把你的花都标准了。

这是园丁心态，要把所有的东西剪得一样平。如果他只喜欢向日葵就觉得所有的玫瑰都碍眼，他就把玫瑰全部铲掉，让园子里都长满了黄色的向日葵。

云之义

缺乏社会资本的恶果

从社会角度来讲，刚才奇平说到中国人际交往的问题，你会发现什么东西是有中国特色的。我们讲社会资本，按道理来讲，你要是用西方社会资本的概念来分析，中国社会资本很丰富，我们是一种近缘关系，有这样的交往圈，应该是很强的社会资本，中国应该是一个富裕社会资本的国家。但是，费孝通早就讲到过中国是一个涟漪形的"差序格局"，你扔一个石子，是从内核一下一下往外波动的。即是由自己延伸开去，一圈一圈，按离自己距离的远近来划分亲疏。这导致我们中国最世俗的东西叫"关系"，关系这个东西甚至都不能用英文翻译，如果翻译成relationship根本传达不出"关系"这两个字的神妙，只能用汉语拼音直接放在英语里，这是中国独有的东西，是潜规则的关系。

我认为所谓的关系绝对不是社会资本，因为社会资本本身包含着对陌生人的信任，就是规则。潜规则之下的东西不是社会资本，甚至可能是破坏社会资本的东西。我觉得中国的社会资本其实很薄弱。因为我们没有社会资本，所以做任何事情都特困难。

野百合也有春天

中国确实要改造这种社会资本。中国存在的那也是一种社会资本，但是是一种相对来说摩擦力比较高的社会资本，因为他对亲友降低了交易费用的同时对别人加大了交易费用。就是差序格局。

回到刚才的话题，我觉得云计算怎么起到加湿的作用，从生产方式的角度讲，实际上从以后的产业形态来讲，它更多是提供了土壤，过去干的做法是集中资源，它现在是把整个资源向社会开放，这是开放和封闭的区别。当它开放了资源以后结果是百花齐放，如果整个社会的资源只对张艺谋开放，我弄了三亿给你折腾，你做《印象西湖》，本来我也有很好的想法，但是得不到资源，这时候必然促进集中的精英模式，然后就对张艺谋提出要求了，你说他是美国的，我看他是美中混合体，甚至还可以给他提供很多中国的特点。可以注意到中国甚至会动用行政命令去提高他的票房。

这些做法都不是云的做法，云的做法就是把给张艺谋的资源分给千万个小张艺谋，

云与人性

你爱怎么长就怎么长,也许不会长出巨大的花,但是会遍地都是花。这些花就要考虑我们的承受能力了,如果大家都有园丁心态,弄得百花都一样就没有意义了。我认为肯定不可能是万众一心,肯定是心花怒放,我们只是做一个要求,在核心的部分可能有一部分还是取得共识,我认为在非核心的部分应该充分地给大家生长空间,因为在日常空间里、野地里瞎长的东西不关别人什么事,只是自己高兴而已。

就是让野百合也有春天。

云计算的精髓是找到人与人之间的联系

云计算的界面是人与机还是人与人?这个可能要从信息技术的源头说起。实际上现在大家用的万维网是伯纳斯-李发明的,最后英国给他授予了爵士。其实万维网最早的概念来自于一个叫布什的人,跟美国总统同姓。布什在1945年的时候就在《大西洋月刊》上发过一篇很短的文章,翻译成中文叫《诚如我们所想》。他当时设想能不能造一种既可以存储大量的信息,同时又让这些信息之间可以产生联系的机器,他给这个机器起了一个名字叫记忆扩展机,非常接近于人脑的构造。人的思维是跳跃性的,经常会从一个点到另外一个点,你突然说了什么话可能触发了我的一个想法,我就开始说,我的想法又触发了他的另一个想法,这是典型的人脑的运转方式,你会发现这个运转方式完美地体现在万维网的超文本概念中,就是超链接。

在万维网中,你像青蛙一样从一片叶子跳到另外一片叶子,这个叶子无穷无尽,你可以不停地点击下去,这是最原始的思想,来自于布什的天才的构想。在1969年发明了阿帕网,上世纪90年代互联网起来了,完美地实现了这个东西。我觉到21世纪的某个时段,可以把它定义为2000年,也可以定义为2002年,总之是在新世纪开端的时候这个过程结束了,信息与信息之间的关系、大量的信息储存结束了。这是为什么说不能把云计算看成仅仅是信息储存设施,如果仅仅看成储存设施就把云计算搁在那个发展阶段了。为什么不能这样看呢?是因为一个崭新的时代到来了,现在发现人与人之间的关系是最关键的,而不在于信息与信息之间的关系。云计算的精髓是找到人与人之间的联系,而不是信息与信息之间的联系。我觉得信息与信息之间的联系已经完成了它的使命,你顶多可以做得更好而已,但是它已经是上一个阶段的使命了,它已经结束了,这是我的一个观点。

云之义

从人与机器，到人与人，乃至人与自然

从实践观察中确实是这样，现在有一个什么现象呢？Google和Facebook的力量对比正在发生变化，Facebook正在上升。Facebook现有的用户流量超过谷歌，谷歌是典型的人机界面，就是人对机器提出诉求，机器来响应人，信息搜索这样一个伟大的发明可以引领互联网前面的时代。耐人寻味的是Facebook已经和将要开创的是，人和人彼此之间互联，不是和机器对话，而是和人对话。以现在的发展情况来看，这种应用有后来居上的势头。将来甚至有可能是自然和自然连在一起，比如说物联网，我觉得物联网也不是终极概念，最后可能会发展到人和自然对话。这次在上海世博会，我看到信息通讯馆里面在演示未来的概念是人和自然通话，把花的语言翻译过来，人试图和花对话。我经常想跟家里的猫对话，想知道猫的叫声是什么含义，我会逐渐知道它的一些常用的表示，时间长了以后可以跟它沟通。将来人和自然在生态合作的过程中有可能真正达到信息沟通。

天人合一

达到了这种沟通，那就叫天人合一了。

我觉得这不是不可能的，信息是一种熵的交换状态。人有信息，物也有信息，只是人有思想，物是没有思想的，但是人和自然都是有信息的。人和自然能不能沟通信息，我觉得这个实验至少是前卫的。在国外见到，有人试图跟花对话，有人试图跟鸟对话，只是一个演示而已，未必真正解决这个问题，但是也未必不能真正解决这个问题。据说有人做过实验，拿开水浇花的时候花会发出一种叫声，不是说真的喊出来了，而是生物的某一种频率发生了变化。视觉里面可能就有微波、紫外线等等，生命可能有各种各样的声音。现在我们想吃什么就吃什么，到那时候，如果跟这些生物对话，听到它惨叫可能就不吃它了。比如说牛通人性，你在杀它之前有的牛就会跪下来，"我还有小牛，我要照看，你不要杀我"。这种语言你听了以后可能就不忍心杀它了。现在你觉得它是一个物，是无知无觉的东西，可能上来就给它一刀。

人还有可能跟人的内部进行自我对话，这种可能性也在无穷无尽的开发之中。我们将来可能要谈到意念电脑的发展。将来是对人的小宇宙进行极深度的开发，不是简单的人机界面的问题。这个问题是全球大脑的问题，这个问题在很早的时候，在互联

云与人性

网出现之前就有人提出过，认为人有可能形成一种全球大脑。彼得·罗斯说互联网上也有形成全球大脑的可能，每个人上线下线都不影响，机器还在那儿运转，人死了思想还在上面运转。将来有没有可能是意念的互联网，我觉得云计算加大了实现这种设想的可能性。

意念科学发展到极端以后你会发现它跟最原始的东西最接近。过去原始崇拜神明的咒语就是"芝麻开门"，然后就开门了。意念科学最终要达到的效果是通过某种意念把这个意念像聚光灯一样聚到一起，就真的靠意念改变了存在的某一部分，这就是原始人梦寐以求的。

将来我对着云说飘过来飘过来，然后下雨，这个云就飘过来了，或者说我正在举行阅兵式就说你飘走，让这儿出太阳，也未必不能实现。现在是往上散粉，将来你控制了以后可以跟它有密切的对话。过去的天气预报可能只能看到大趋势，但是无法准确地进行具体预测，现在每一朵云都可能在你的监控之下，就不好说以后会发生什么了。

过去说诸葛亮。诸葛亮其实没有什么贡献，他不过是算准了风的方向，也就是说他是气象学家，不是战略学家。从今天的观点说他顶多会预报天气而已。将来人可以呼风唤雨，我觉得将来会实现。

但将来更多是天人合一。有的事可以让着它、躲着它，这个事情可以让它按照你的想法做，但是你慢慢通过对话发现，有的地方惹不起它，最好我躲着它。你随便开发一个什么东西，不知道哪天它就报复你。我发明一个长生不老药，通过对话发现是要你付出代价的，让你出卖灵魂或者变成魔鬼，总而言之是要跟你交易。

当时看着很好、很疯狂，最后可能是灭亡的前兆，这种事情对话的结果也许是人要让着自然。

众声喧哗大大好于鸦雀无声。

可能有这样的优胜劣汰的趋势，无秘密的组织在生态竞争中竞争过有秘密的组织。有秘密的组织给别人感觉是藏着掖着的，无秘密的组织就是透明。透明的我还能生存，所以我比你强。

互联网时代最终导致的结果是人与人自由谈话，这么大的一个变迁企业如果没有意识到，那么企业在云时代真的会被消灭。

从大的趋势看我感觉有这个基本面，生命科学和信息科学正在融为一体，硅和碳正在融为一体。人体是由5%的碳和95%的水构成。生命科学的本质就是录制播放的过程。信息技术也是录制和播放的技术。这两个技术一旦合流可能产生什么样的后果我们还想象不到，是不是人真的会飘到云上去？

还可能出现更怪异的问题，人有没有真正成为云的可能？人只能附着一个个体，但人有多重自我，可能像水一样分布到一堆物体里去，从科幻角度讲不是不可能。

想象一个人有无数的网络延伸物，有点像当年孙悟空拔一根毫毛变成千万个孙悟空，做基因复制了。有很多的延伸物，撒豆成兵。这时候不能轻易对未来下一个好和坏的结论，好和坏的几率是一半一半。

意义的丧失

意义的丧失

噪音变为信号会否导致被信息蒙蔽？

按说信息社会是由信息打头的，似乎信息越多越好，这给人一种信息短缺的暗示，以为未来还是信息短缺经济。将来可能出现另外一种情况，信息更多以后大家反而被蒙蔽了，更加看不清真相，会不会出现这种情况？我感觉这种情况肯定会出现，过去是加工过的信息才能看得到，现在是加工过和没有加工过的信息都看到了。可能会导致以前精英表达的那类信息反而被淹没了，我觉得这是一种意义上的遮蔽。

反过来说，会不会有另外一种现象？过去我们认为的噪音其实是一种信号，过去我们认为精英之外表达的信息都是噪音，比如草根发出的声音相对精英发出的声音是一种噪音，但噪音里边是否也包含着某种信号。噪音里包含什么信号呢？是个性化的信号，它不同于精英，具有生态多样性，这算遮蔽还是不算遮蔽，我想不好，听听胡老师的看法。

我们欢迎众声喧哗，但幂律仍然存在

契诃夫有一句有名的话"大狗要叫，小狗也得叫"，小狗也有叫的权利，这就是众声喧哗嘛。我们为什么赞扬众声喧哗呢？我们有过鸦雀无声的痛苦经历，我们知道鸦雀无声的年代是很可怕的。万口一声，姜老师讲是万众一心的体现，所有人都张了嘴，但每个嘴里说的是一样的话，这种经历是很可怕的，凡是年纪大一点的人都记得这种痛苦经历。所以我们认为众声喧哗大大好于鸦雀无声。

众声喧哗的一个自然结果是每个人都在喊，可能没有人在听。有点像当年伦敦的海德公园，有人搬一个肥皂箱子上去，这个人在肥皂箱子上狂喊乱叫，至于周围看热闹的人听不听他讲完全是另外一个问题。时间长了以后会发现现实生活当中的信号与噪音又复制到你开拓的虚拟空间当中。并不是互联网完美解决了这个问题，还是会出现这个问题。为什么这样讲？有个定律叫幂律，幂律就是二八法则的另外一种说法，5%到20%的人贡献了80%的内容，这个从微博、博客上都能看得很清楚，声音是从

云之义

少数人发出来的，大部分仍然是潜水的人，叫做"沉默的大多数"。从技术上给了你每个人都发言的可能性，但真正大声发言以及大声发言还被一些人听到的人仍然是5%—20%的那一部分。这种幂律无论是现实生活当中或虚拟空间当中还是存在的。在虚拟空间当中，你也可能搬一个肥皂箱子站上去喊了，也不管有没有人听，的确可以站到上面去喊。

我们仍然有一个争论，讨论网络上的精英和草根的问题。可见网络上的草根与精英并没有被拉平。否则大可不必讨论，因为所有草根都有可能变成精英，所有精英都可能被从上面拉下来，道理是这样的。但现实生活中的运营可能还不是这样的。如果一屋子的人在里头开会，大家互相都不认识，一群陌生人在开会，经过一段时间有些人自然会成为开会发言的中心。有另外一些人不愿意说话，他们就听着。人类现实社会就是如此，所以我们会有"沉默的大多数"的讲法。

面对网络上的拳打脚踢，精英要有信心并且要有思想准备

我觉得有两种信息可能胜出，在有精英又有草根一起喧哗的大动物园里，一种声音是真理越辩越明类型的，精英型的言论在语言竞争之中会胜出。我相信竞争比不竞争好，竞争会有优胜劣汰机制，精英有价值的信息会脱颖而出，就像胡老师说的开会时间久了自然就有话语中心，有的人是因为思想深刻、有的人是因为口才好，会胜过其他声音会被别人赞同，这是精英型的。还有一种是噪音型的，会在什么情况下胜出呢？在某一个具体场合由于他用很好的表述形式抓住了当下人们的注意力，虽然没有科学价值，但大家当时一起为他喝彩，因为他说的是流行、酷的话语，但时间再一长就变成俗了，没有长远的生命力，但短期有非常强的生命力。会有这样的胜出。

精英会觉得不适应，我是专业的，怎么一上来被别人拳打脚踢。有很多精英开始抱着对互联网非常友好的态度，一上网以后不适应就被打下去了，非常气愤。我觉得精英既要有信心也要有思想准备。有信心是指精英要相信好的东西不会被埋没，不能害怕拳打脚踢。另外要正确对待拳打脚踢，现在我发表一个言论没有人骂，我就很奇怪了，我就会很恐怖，是不是没有人在听，我不怕他拳打脚踢。我上来说的是一回事儿，另外我还得充当一个功能，我就是拳击的口袋，他骂我的时候可能根本没注意我说什么，我就是他的出气筒，他就要踹你一脚，时间长了我感觉很舒服了，这说明起码有人在看，比没有人看好得多，他们说些什么我并不在意。很多专家的心态没有调

意义的丧失

整过来，好像要文质彬彬地跟这些人讲理。

最著名的是韩寒跟白桦，后来陆川也进去了。白桦受不了，白桦说"我很受伤"。韩寒的意思是说，这个事情本来一开始是严肃的事情，你们偏要娱乐化，真正娱乐化的时候你们又一本正经像道学一样。白桦在圈里还算比较开明的，在圈里老为韩寒说话，没想到跟韩寒一交手弄得很狼狈，他自己也很郁闷。好像跟韩寒交手的好几个一度都把博客关了，包括陆川、高晓松，都受不了韩粉的骂。

我觉得是这些精英的问题。这些精英没搞清楚自己进入了一个什么世界。这是一个精英和草根共处的世界，不能老是用精英的规则来对大家。这是游戏规则的问题。

信息增多并不能改变信息不对称的问题

那么信息会导致被蒙蔽吗？信息多了以后是更加透明还是更不透明？

我觉得这是个重大问题，我看任何信息经济学从来没讨论过信息对称化的问题，他们认为不管信息怎么发展信息不对称都是绝对的。意思是说信息不对称是永恒的，所以信息经济学里不谈信息对称问题，只谈信息不对称问题。换句话说信息不对称就是不透明的问题，意思是总有一部分人掌握着别人不知道的信息，那一部分信息是具有价值的，剩下的人都是被他们愚弄的。我认为这是传统社会的现象。越往过去的时代信息越不透明，越往后来越透明，可能"越往后来越透明"这个结论这些传统人士不接受。

专业人士可以呈现看似透明，实则不透明的信息
——美国金融危机的例子

在金融危机中实际就是信息不透明。少数人掌握市场信息，但大多数人，包括美国人，都可以被装进去，而且可以在十年内把全美国的人都装进去。这是多么大的信

云之义

息不对称。只有少数人（比如克鲁格曼）使劲大声喊皇帝的新衣，认为美国房地产出现了问题。他们是信息量少吗？未必。这些制造信息不对称的华尔街金融人士是被信息高度武装的，他们被信息高度武装以后制造出来更大的信息不对称，因为有利益存在。整个过程是怎么玩的呢？原来，方法是把中间过程弄得非常复杂，随便请你监督检查，要看懂金融衍生工具，不要说一般的消费者，如果不是搞这行的，专业经济学家都不一定看得懂。他们把信息展露在你面前，你根本不知道什么是有意义的，什么是没有意义的，特别是最后的结论对你意味着什么你不知道。他们把这个越弄越复杂，让你陷入到信息海洋里，实际上造成了信息不对称。看起来信息很透明，实际上信息是不对称的，他知道你不知道。

比如雷曼兄弟公司，过去雷曼兄弟俩在的时候信息非常透明，因为老板掌控。后来经理人想掌控了，他想把老板挤到一边去，原来一般是谁拥有资本谁说话算数，现在不是了，他利用信息权力把资本人挤到一边去了。先是股权分散，诱使董事会同意股权高度分散，股权分散意味着股东一人一票但没有共同意见，经理阶层却拥有巨大的发言权，最后演变成经理人说了算。经理人的利益所在是什么呢？本应是高风险对应高收益，这是一个正常法则，但并没有说谁承担风险、谁享受收益，按常理，承担收益的一定是承担风险的，现在的操作是让老板承担高风险、股东承担高风险、我获取其中的高收益，只要把金融衍生产品设计得足够复杂，就可以把里边的风险甩给老板、甩给消费者，然后他自己挣高工资。最后最荒谬的现象是什么？金融危机发生以后他还跟老板说他要度假，要给他钱。好比一个小孩把房子烧了，还说烧的过程多辛苦，你要给我奖励，我要出去玩。信息不对称到极限以后出现这种荒谬的情况。悖论就出来了，将来这种情况有没有可能改善呢？我没有看到一个经济学家说将来会出现信息对称，他们不认为会出现一个透明的世界。有人说"买的不如卖的精"意思就是信息不对称。有没有可能出现？我认为至少透明化可能会出现，跟利益结构调整有关系。

归根到底跟权力和利益的分配有关系。信息资源涉及资源配置，与资源配置相对的是利益分配，两个合在一起才能运转。如果利益分配结构导向利益不对等，可能在资源配置上，让一个透明的东西为不透明服务。怎么用一个透明化的工具为不透明服务呢，就是把它变得无限复杂化，直到你完全理解不了，和信息不透明的效果是一样的。至于未来会不会有一个透明的世界争论很大，有人认为永远不会有，有人认为会有。

意义的丧失

网络世界里无密可保

因为所有信息网络都创造透明度,互联网是这些企图保持不透明的组织的天然敌人。对个人来讲有一个巨大的矛盾是个人自由、个人安全的矛盾。从组织角度来讲我认为透明度特别重要,产生另外一个很大的挑战,透明度的提倡者跟秘密守护者之间会产生一场剑拔弩张的斗争。大家对于什么东西是秘密的界定不同。换句话讲,你作为一个组织、机构认为是秘密的东西,公众认为恰恰不是秘密,应该公布。刚才提到跟权力、利益之间的关系,要求透明度的努力应指向两个地方:

一是政府。政府不透明的话现在公民越来越不答应,在比较自由民主的国家是不用说的,即使在中国,现在很多人说为什么政府不公开预算,也不经过讨论就拿出4万亿,4万亿到底干嘛了。我们知道《政府信息公开条例》规定公民可以给有关部门写申请信要求公开某一项政府的决定决策,包括我前面讲到云南省委宣传部副部长伍皓,云南大旱的时候他们搞赈灾晚会募了3亿。伍皓作为主办者说得很动听,说"我们保证用好全国人民给云南捐的3亿元的每一分钱"。这话很漂亮,记者一去问能不能公布3亿元每一笔明细账,到底干嘛了,伍皓就开始推三阻四,说这不是宣传部的事情,宣传部只管募来,关于怎么用他说自己也不能越权,他就开始推。公民对政府透明度的要求越来越大。

二是企业。企业跟我们更相关,按道理来讲我们特别信任我们生活当中的商业机构。你肯定要信任银行、医院、航空公司。你不仅把你的钱托付给它,甚至把你的生命托付给它,因此需要它透明。这个世界的悖论是我们最需要信任的机构透明度是最差的,包括奇平刚讲的这帮华尔街掮客们。他们都讲企业有企业的秘密,国家有国家的主权,为了大家好我们要保守好秘密,否则你们可能要有危险。我觉得无论是政府还是企业都要认识到,将来在网络世界里是无密可保的。

市场就是一种谈话

比如说企业,企业是一个机构,面对的是用户,可是现在在机构和用户之间出现一个崭新的东西就是网民,企业现在变成介于网民和员工之间的一个东西。你想保密的话,如果网络社区积极分子突然发现了一个你的秘密,到处传播,这时候你会陷入非常被动的局面。过去所有的文化都是保密文化。第一是提防客户,很多公司提防客

云之义

户、提防员工甚于提防竞争对手。未来的趋势会出现越来越多没有秘密的组织。当年我做《环球管理》时有一本小册子叫《市场就是谈话》，里头写了95条论纲，模仿当年马丁·路德为了对抗天主教会提出的95条论纲。美国四个非常年轻的人写了关于市场的95条论纲，我们这边翻译以后叫做《市场就是谈话》。市场就是一种对话，这个对话发生在两个层面：第一个层面是公司内部怎么跟员工对话，过去所有秘密要保证在院墙之内，你下班了东西都不能带走，现在员工有把企业里的任何东西向外广播的途径。

不寻求与员工和企业对话的公司是低智商和低网商的公司

公司一定要跟员工对话，其次公司一定要寻求跟客户对话。换句话说将来人人都上网，公司要寻求跟网民的对话。公司学不会为员工和客户主动让路的话，这是低智商的公司或者低网商的公司，网络智商是非常差的。希腊有一个寓言，我有一个秘密，不说特别难受，我就挖一个坑对着那个坑说，结果那个坑长出芦苇，芦苇把他那个秘密传到全世界。最终面临的是这个结果，秘密守无可守。

直接经济是否可能？

在市场中对话这个概念非常具有意义，对话是指信息和意义。以前说的是价值，再往前说的是实物，农业时代交换的是实物，工业时代交换的货币价值，现在讲的是对话，对话有透明的问题，钱没有透明不透明的问题。云计算时代真的可能是在市场中对话的时代。

我猜想可能有这样的优胜劣汰的趋势，无秘密的组织在生态竞争中竞争过有秘密的组织。有秘密的组织给别人感觉是藏着掖着的，无秘密的组织就是透明。透明的我还能生存，所以我比你强。而你有秘密的话，别人会想到底是什么秘密，秘密跟自己有关吗？云计算导致生存竞争，客观规律导致透明化会取胜。这是一点。

意义的丧失

第二点，透明化跟隐私是什么关系呢？隐私是个人信息透明与否的问题。我们说透明化是指中间人，也许是企业，也许是政府，是各种组织透明化的问题。现在存在规则上的反差，现在在个人市场上对话已经慢慢形成了不成文的法则，一件事随着公众性的提高，透明度也会增加，你是公众人物，公众有更多的知情权，对公众更加透明，如果你跟大家越没有关系，可能保护得越好。比如只跟两个人有关系，跟别人都没有关系，那可能要求保护的层级比较高。现在在组织上是相反的，越涉及公众利益越不透明，华尔街的掮客越公众化、涉及的利益越大，别人越搞不清楚。这是非常反常的现象，它跟云计算的趋势相反。云计算要求的是越公共越透明，它是越公共越不透明。逻辑正好反了。

将来是什么趋势？我过去提出直接经济，中间人在市场经济买卖双方之间的作用越来越弱化，这个说法从对话意义上理解是由不透明到透明。过去越不透明中间人的地位就越高，比如说媒人给两个人介绍，如果你们俩短路了还要媒人干什么呢，就不需要给媒人送礼了，你们两个人直接见面了。比如谈生意，为什么保守秘密呢？比如钢材价格有巨大的落差，中间人知道并把这个秘密保守起来，我就可以从两边收到好处。透明的结果是什么呢？他们两边直接见面，摩擦力减少、交易费用减少、生意更好达成、价值更加多了，这对中间人就是一种损害。所以人们有理由怀疑凡是存在不透明的地方，少数情况是涉及公共利益，比如安全问题，更多情况要怀疑媒人在里边有好处、有猫腻。做商人有商人的猫腻，做官员有官员的猫腻。过去我记得很多办事程序成为秘密，让你摸不着门。比如说要盖20个章，他不告诉你盖哪20个章，过来了盖一个章他说还没通过，还有另外一个章，他不一块告诉你，下次再来盖完一个章还有下一个章。他在程序上给你设置很多障碍。最后他是想干嘛呢？你给他点钱一块给你办完算了。将来云计算信息透明以后真的可能改变这种情况，越不透明自己出事的压力越大，哪一天自己里边的人曝光以后引起的震荡更大。

云时代请说人话

"市场就是谈话"这个概念，至今为止很多企业没有认识到，我想再强调一下。我觉得云时代有一个特别重要的特点，我原来写过一篇文章叫《请说人话》，云时代必须放弃公关语言的技术，说真正的人的话。如果一家企业向投资人和消费者释放一种语言烟幕弹的时候，这个企业一定存在巨大问题。如果使用层层过滤、层层包

云之义

装和组织腔调，或者打官腔跟你说话的时候，一定隐藏着很多不能够透明的，或者是给你切身利益带来重大损害的东西，语言要掩饰这个东西。而商业的本质，商业最根本的本质来源，是人性的、自然的交谈，这个东西叫人话。这种人话对组织来讲，组织会发现员工之间正用一种网络语言交流，客户与客户之间也在用这个东西交流，只有组织不用这个东西交流。组织如果无视网上交流方式的话会面临一个巨大问题。这是第一点。

第二点，为什么我说"市场就是谈话"这么重要，谈话有可能颠覆营销。换句话说，真正的营销可能是谈话，真正符合云时代营销特点的营销是谈话，而不是传统的营销。我刚才说《市场就是谈话》这本书利用了马丁·路德的95条论纲促进营销改革。四个年轻人写了95条，前面这几条特别有意思：

一、市场就是谈话。这不用说了，这是一个核心的东西。

二、市场是由个人而非人口统计意义上的个体组成。这个非常重要，因为过去做市场的人就是把人分块、归类，把你归到那个堆上，你只是那个堆里的一粒沙或一粒谷子，而谈话强调市场是个人。

三、人与人之间的交谈是富有人情味的，我们现在生活在技术与公关太繁盛的时代，以至于忘记人与人之间是怎么说话的，我觉得我们的官员说话经常没人味。真正人的声音是不掩饰的，是自然的，而且人是通过这些声音自然认识的。互联网时代最终导致的结果是人与人自由谈话，这么大的一个变迁企业如果没有意识到，那么企业在云时代真的会被消灭。

云时代的企业必须是负责任的企业

过去不透明还有理由。信息不对称是因为技术上的原因、信息不畅造成的话，到云计算时代，技术这个理由已经不存在了，技术不成问题。现在就看你的态度和利益了。如果再不透明就与欺骗结合在一起，欺骗是出于某种利益的考虑要扭曲信息。现在很多商人、商业组织行为不正，只要把钱挣来就行。我要做到让你以为符合你的利益，以为商品满足你的需求，实际上是否满足不满足就不知道了。有人造假，把鸡蛋造得惟妙惟肖，你把鸡蛋打开以后都不知道是真是假，有蛋黄、蛋清。这种信息是不

意义的丧失

对称、不透明的信息，你以为是真的鸡蛋，实际上不是真的鸡蛋。但那时候你后悔已经跟我无关了，我跑掉了，中国人有的是，能骗一个是一个。小企业对新客户特别关注，对老客户不太关注，新客户能骗一个骗一个，骗一圈也不会遇到有回头客的问题。有时候我批评那些小贩，我说你还想不想要回头客，他说不想要，因为全中国人一人来买一次他都骗不过来，还要什么回头客。

企业站在今天的角度讲，云时代的企业也是一个负责任的企业，要承担企业社会责任，从理论上说你每个人都可以骗一道，但骗不过老天，干久了以后就有人过问你，城管来抓你或者遇到一个较真的主就跟你死磕，在佛教里叫因果报应。互联网造成了上帝那种感觉，过去上帝信息是对称的，你不管做什么上帝都能看到你，所以很多人就有自我约束了，有人就觉得不能骗人了，在别的地方骗，但到了教堂的时候一定要坦白。将来云计算时代，信息是共享的，好事可以出门，坏事不止千里，就像有个上帝在监督一样，信息对称了，人就得变得更自觉一些才能生存。

互联网是社会性的上帝？

抬头三尺有神明。中国人不相信上帝，他觉得没有人监督他。将来云计算充分数据出现之后，就出现客观的不以你意志为转移的监督，十年前你有什么劣迹还留着，有人想翻可能真的能翻出来，这时候导致他在做事时要顾忌别人的考虑了，骗不是好的办法，透明可能更好，实打实的，生意做得更加顺畅。

将来组织也面临同样的问题，组织是不是面临上帝的问题。为什么历朝历代要拜天，跑到泰山上拜天，皇帝也觉得在他之上还有厉害的。将来互联网就像过去拜天坛祭的天似的，无时无刻不监督着你，你做好事可能有好报，做坏事可能有坏报，是这种机制推着你，最后明白了透明可能比不透明更好。

我觉得互联网是社会性的上帝。

像谷歌和微软算不算红衣主教的地位呢？在宗教里有一种反对偶像崇拜的信念，宗教其实有个问题，它里边缺乏具象的上帝和人，可能会有一个人格化的代表，这个人格化代表可能就是每个成员的心灵导师，又成了金字塔结构，按过去的说法天堂里还有大天使、小天使，但丁的《神曲》里有很多这种层级。

云之义

我觉得绕不开一些基本的价值判断。正义与非正义的界定在大与小、强与弱之间一定是绕不开的东西，甚至是话语权的争夺，谁的声音更大，过去有句话叫"强权即真理"或者叫"强权即正义"。他的话语权大就把他认为的正义施之于其他的东西。我觉得这是未来世界既大又小的问题，未来世界很多时候塌陷的是中间层，但大的和小的东西都还会有顽强的生命力，寡头主义和最后分散的个体主义，我觉得这两者冲撞的可能性还是非常大。

会否出现多元正义，即普遍价值基础上的求同存异？

塌陷的中间层指什么？有代理别人的人，现在不需要代理了，我是谁就要表达什么。未来理想状态是把利益分出来，有共同利益部分和不同利益部分，共同利益部分这一块可能还会存在，可以代理。对那些不认同的可能有更多的兼容度，正义也可能出现相对的正义，相对的正义怎么来处理呢？就是承认文化多样性。比如中东人非得让他变成东亚人不可能，变成欧美人更不可能。那怎么办呢？你就在中东那儿活着，我不招惹你，你也别招惹我，各自保留自己的文化多样性，在大家共同谈得来的方面，比如都要谈生意的部分用共同语言制定共同游戏规则，这样解决矛盾。如果非得说让一个地方文化同化于世界文化，以此理由侵略别人，这样可能招致相反的效果。会不会出现多元正义，在一个共同的、普遍的价值基础上求同存异？这样也许使社会更安定，否则意味着将来更多的冲突。意味着什么样的冲突呢？大的欺负小的，有霸权野心可能就拿核武器或其他东西要挟别人。

信息同时住在信息的绿草坪和垃圾场

既然云时代充斥着大量信息，其中免不了有许多错误信息和垃圾信息。那么环境的污染与信息污染哪个更加有害？有没有可比性、相关性？还是性质完全不同？

现在大家都强调环境污染。环境污染的本质是产生一些废料，不具有负熵意义的熵，造成了人与自然之间的不可循环。从碳排放问题，到人与自然的和谐问题，说的

意义的丧失

都是物质世界。如果将来存在世界三或意义世界的话，意义世界也存在环境污染问题。对大家有价值的信息是好的东西，没有价值的东西就变成垃圾了，就像世界二、世界一中存在的环境污染。但现在没有人把这个问题提到环境污染的高度。将来会存在大量信息垃圾，至少现在就开始有这种感觉。到了一个搜索引擎上，我本来想找一个信息，记得以前还好找一点，几年前找的有用信息多，没用信息不会上网，相关度还比较高。现在不知道怎么着了，上了搜索引擎以后常常发现目标以外的信息量太大，对我来说没用的信息全部上来了，给我的感觉是我进入一个信息垃圾场了。这个问题将来越来越成为一种公害。这个问题怎么解决？在现实世界中怎么对待垃圾？有清洁工人、清洁设备，还要考虑垃圾处理厂，还有可能把垃圾变废为宝。到信息社会里好像没有人管这个事，信息社会就变成了没有清洁工、没有清洁行业、没有清洁工具，垃圾场倒很多。我们所在的任何地方都是垃圾场。我们在垃圾场里从事工作、生活和学习，是这样一种感觉。有点像早期英国工业革命时垃圾和社区都是不分的。包括我现在到印度一些地区都是这样，这边是碧绿的草地，旁边就是垃圾场，我们是在混杂的一个环境里生存。

更复杂的是什么呢？现在对是不是垃圾不好分辨。在现实世界中垃圾很好分辨，扔出去的都是垃圾，归环保部门清理。但在信息社会里，信息有的是垃圾，但有时候信号本身是有价值的，这时候区分上会有难度。针对我们现在看到的环境治理问题，清理垃圾的软件已经出现，但怎么使垃圾处理行业系统化？垃圾的效果都是一样的，都是干扰正事了，比如搜索引擎中搜到的东西很多就是垃圾，没有得到治理。垃圾信息和非垃圾信息相比，垃圾信息可能会被优先选择，比如百度的竞价排名谁出钱出得多就把谁的信息排在前面，那个对我来说就是垃圾，比如输入"长城"两个字，搜索到的前三位都是与长城有关的旅游公司。

再比如输入"糖尿病"，排在前边的全是糖尿病医院的广告。本来想了解这个病的有关信息，结果搜索出来的全是那些东西。

还有另外一种更可怕的垃圾，它化身为百科或条目给你解释。现在的情况是，垃圾或不是垃圾，让你看，你还能辨别出来。将来这种垃圾词条给你歪曲解释，比如你得了一个病，它故意瞎描述，这种潜在的危害是很大的。

云之义

相信网民的判断力

我倒没有奇平那么担心，在网络空间里清理垃圾只能用网络的办法，还是一个众包模式。很多内容分享建立在一个机制上，我们叫做推荐也好、过滤也好，通过很多人的偏好共同筛选，最后呈现给你，这种推荐出来的东西一般不是垃圾，是精华的内容。比如说维基百科的例子，维基百科建立了一套很好的编辑机制，看上去是应该能产生垃圾的，因为每个人都有编辑的权利，本来很可能把维基百科彻底变成垃圾的。但由于设定了很多机制，你放了垃圾以后立刻就有人来处理，处理这个东西的人和监督者，形成网络空间当中的民主决策机制。我觉得中国百度百科和互动百科这种程序做得差太多了，中文的维基百科比百度百科和互动百科好一点。做得最好的还是英文维基。英文维基里的词条很精密，当不精密的时候会有很醒目的标注，说"此处缺乏引证"，有些词条目前待编辑，提醒用户不要轻易相信这些词条，是没有完全编辑好的词条。有一些会引起巨大争议的词条，纳粹德国的拥护者认为希特勒是个伟人，一定有这样的情况。对于有争议的词条采取锁定，就不让你编了，所以它有一系列方式。众包智慧产生抵御垃圾的机制，垃圾出来以后有把它处理掉的机制。还是要相信群体是有识别能力的。

现在微博上传一个消息，某某地的一个大学生得了一种罕见的病，必须输一种极为特殊的血型叫"熊猫血"，到处去找。后来发现这样的东西这几年以各种不同的方式在互联网中流传，人名会变换，大学的名字会变换。中国有一个特殊血型之类的协会说很担心这个事情，这种东西长期流传会导致将来真的出现这种事之后没有人有爱心了。《南方都市报》的记者问我对此事的看法，我觉得这种担心大可不必。这种东西的流传首先一定会有跟帖，然后一定会有人出来说是假的，因为同样的版本出现过。追踪的时候发现真正传这个东西的人道不出这个东西的真正来源。

就像曾经黄健翔发了一条微博，说在望京小区有一个产妇生了一对双胞胎，由于产妇的身体状况不好，双胞胎的婆婆先把孩子接回家去养着。但是家里养着藏獒，这个产妇一直反对家里养藏獒，但她老公坚决要养，婆婆不小心没看住，藏獒把其中一个孩子给吃了。这是黄健翔实名传播的，听上去很容易让人相信，因为黄健翔是一个名人，而且有明确的说法，是住在望京小区的朋友说的这个事。追踪的时候发现黄健翔根本说不清楚这个东西的来源，可能是朋友的朋友的朋友说的。证明这个事情是假的。

同样类似藏獒把小孩吃了的故事版本很多，都是道听途说，所以我跟《南方都市报》的记者讲这在学术上就叫"都市传说"。前一阵最有名的都市传说是广东的台商喝婴儿

意义的丧失

汤,有很逼真的图片,在论坛上到处贴。我跟腾讯的人聊过,腾讯的人说头疼死了,你把它删了它会在另一个地方出现,因为那个图片是很吓人的。说台商花3,000块钱在广东买婴儿煲汤。其实发现都市传说中的社会心理,对台商是不利的东西,通常会迎合人们对中国国情的理解,经常被煲汤的孩子可能是女婴等等,这是可以做社会心理分析的。我跟他们说,这种都市传说不是特别可怕。第一,本身传播这种东西的媒体就有纠正机制,因为现在有众人的智慧,有的地方一露出马脚就会有人看出来,这就跟网民看出周老虎是假的一样。包括前两天网上广泛传幼儿园杀童一张血流成河的照片,孩子的血流成那样。马上就有人说那个照片肯定不是真的,不可能是真的,然后就找到那个照片从哪里来的。第二,还是要相信网民本身具有判断力和理智,中国特殊血型协会对爱心的担忧大可不必,一个事情真正证实的话,民众还是有发自内心的爱心,会真的去救。

网络的竞争机制带来自我清洁机制

云计算也有一种自我调节机制,让我联想到我们家的猫,猫为什么老洗脸呢?大家误以为它是洗脸,其实它是在清理嘴巴旁边的胡须,那个胡须起什么作用呢?因为猫白天的眼神不好,要靠嘴边的胡须来触碰,触觉要求特别精细,沾上点灰就变迟钝,所以猫老是在洗脸。其实不是在洗脸,是在清理胡须,是猫的进化机制,它觉得不方便了就去清理。从云计算来说也有自己的进化机制,它觉得哪儿不好了不断生成垃圾,也会产生清理垃圾的机制。

你说到维基我想到了,开始谁都有资格去改,结果出了几件事导致进化。开始宣布美国一个议员死亡,实际上他没有死亡,美国议员非常不满就告他们,后来发现有人瞎编,对那个议员进行恶搞,在那个议员的词条上说他已经死了。后来加上过滤机制,过滤机制是什么呢?谁都可以编,编了以后有个过滤筛选期,像干部任命之前的公示,大家先提意见,对这个词有没有意见,首先看谁有资格进行筛选。比如编了多个条目有经验了,这种人具有某种资质,受信任程度比较高。

公布以后让大家评测,一旦经过公示期采纳条目以后还有修改机制,比如谁当时没有看到,事后有意见可以修改,比如敏感词目应该怎么样,市场机制在里面起作用。相当于猫洗脸的自我清洁机制。产生信息时有时候不知道是不是垃圾,可能会产生噪音,这就是竞争机制。比如照片造假,可能会激发人家的兴趣去打假。

云之义

周老虎的事件中就是这样，在色影无忌那一帮摄影发烧友当中首先觉得不对。

那个东西很难辨别，很专业的人也很难辨真假，最关键的是把原来的年画找出来了，这个显出网络功夫来了，没有相当大的面不会知道很早之前印的那个年画，一拿出来之后是非就非常明显。

云计算 vs 人与自然的协调

云有利于环保与人本主义的协调吗？

我们以前都是谈人和人之间的关系，将来云计算发展以后对人和自然的关系会不会有影响，这是现实中还没有发生的问题。我觉得不排除这种可能性，因为现在云计算不光是云计算，是和物联网并称的。将来物和物相连，目前物联网还是为人服务的，将来有一天我们会不会是和自然对话。这次在世博会前卫的信息技术厂商，未来学家已经提出这种理念了，和自然对话，将来有可能把自然的声音破译出来。现在我看到有很多研究动物语言的，研究猫的语言、狗的语言，看它们表达什么意愿。还有人研究植物语言，将来人和自然的对话也许有一天会成为现实，我觉得完全有可能。

意念控制电脑·从硅计算到碳计算

但有时候弄不好也可能出现很可怕的情况，现在我看到人的意念控制鼠标和电脑。英特尔说2020年就会实现意念控制电脑。从远景来说，伦敦一个实验室说到2050年可以把大英百科全书以液体形式注入大脑，如果都实现的话就出现人与自然融为一体的可能。我们现在都是用硅计算，硅和人体是不兼容的。我看到有人在做碳计算，因为人体的皮肤湿度、导电性、传导性都很好，从理论上说握一握手这篇文章就能传过去。

意义的丧失

两个人的眼神对一下就传了很多点子过去。

这样一来人和人都通了、人和自然都通了，有时候也会出现很可怕的情况。

日本一个未来学家在研究神经安全问题，他研究的不是黑客进攻我的机器系统，是黑客劫持人脑了怎么办，比如俩人一对眼神就明白了，如果一对眼神他是抢劫犯怎么办，他不用枪、不用刀，发出像催眠一样的信号，"把钱拿出来，把密码交出来"，要想劫色的话就"跟我走吧"，根本不用强迫了，带来更加严重的安全问题。还有一类是人和自然之间交流产生的问题。2010年5月21日基因可以编写了，基因可以编写的话，将来人和动物甚至和植物之间都通了，将来制造出来是人还是不是人都不好说了。

把硅植入碳 vs 把碳植入硅

这个过程纯粹是把硅植入到碳里。第二种情况是把碳植入到硅里，把人类的特质传递给非生物。假如人工智能达到一定程度，人最高的地位也许会让位给会思想的机器。

串种了，比如让桃树会思想，比如让一个牛顿加桃树。不，苹果树更合适。这是碳和硅的两种流向，2010年5月21日的那条大新闻，造出了人细胞有水印的那个东西，可能是刚才讲的一个伟大前奏，碳和硅的界限可能会被逾越，这时候会出现很多有益的东西。最终你只能问自己这个世界是不是你想要的，你要不要这个世界。

能够灌进去的是显性知识。这些灌的东西可能是前奏。知识后面更大的东西叫智能。换句话讲，硅基的无机物有没有可能具备生物脑功能，最后灌的不只是知识，能不能把智能也灌进去。

这就涉及人是什么了，最初的动因、创造性能不能芯片化？我觉得更可能的是把死记硬背的知识灌进去，比如把大英百科全书灌进去，比如上物理课，一人打一针，然后一拍屁股出去玩，这时候让你们开始创造。但是要问的是，运用全世界的知识排列组合进行创造，能不能把创造这个因子都注进去？

碳和硅现在有点像楚河汉界。碳意味着生命，硅是沙子，这两者之间有巨大鸿沟。

云之义

但计算机科学和遗传科学发展到高级阶段可能出现两种情况：一种情况，碳里面植入越来越多的硅，比如我给你脑子里植入迄今为止人类所有知识的硅片，你不用上学了，所有人都是牛顿和达尔文，把那些知识性的东西向大家脑子里直接灌进去了，这可能是一个方面。我们现在没有看到这么高级的东西，但电子的一体化已经有了，比方你心脏里打一个起搏器，耳朵不好加一个助听器，包括霍金全是靠各种电子玩意儿生存。以后什么都可以换。

电子人会不会是猿猴3.0版？

这是人脑至今没有想清楚的问题。我跟北大搞心理学的人聊，我问心理学界现在最能够拿到钱的研究项目是什么？心理学最主要研究神经和脑。现在社会转型里这么多心理问题得去处理，大量的人对心理学家有需求。但因为研究导向的问题，他们天天拿钱研究思想、情绪能不能最后被视为神经元运动、脑电波运动，从这个推理出来思想怎么在一刹那产生了。

这个东西可能的话，把这一排树都变成跳舞的树，一高兴这些树都跟着我跳舞，能做到吗？将来基因串种以后是可能的。任何东西都不能不想，有些不可思议的事情确实有可能出现，但也有可能不会出现。这对人是一种挑战了，人还有什么用？最后人可能就是其创造性无法复制，连大脑都可以复制的话身体都没必要了。现在研究长寿的技术出现了，换胳膊换腿，将来会觉得胳膊、腿有什么用啊，不就是脑子有用吗，这时候把人脑嫁接到树上去。

这涉及一个很根本的问题，到底这个世界是神创的还是进化的？这是神创论和进化论之间的巨大争议。《比特之城》作者有一句话，人是猿猴的2.0版，人是猿猴的升级版。将来硅碳合为一体的东西姑且不说那个东西叫不叫人，假设它叫电子人，电子人是不是猿猴的3.0版呢？这时候宗教信徒会大力反对，说你这是大逆不道的行为。大家会说所有的生命一定是碳的，人类不可言喻的品质包括思想的产生、感情的产生，你怎么能爱上那个人呢，这些奇妙的东西能够完全进入计算机吗，即使分解为神经元运动，神经元的组合或聚合怎么一刹那变成思想了？这种东西能不能导入计算机里？再加上宗教人士的信仰，他们会非常抵制这种可能性。

意义的丧失

如果爱要能复制就太可怕了，那些技术强人就把所有漂亮的女孩子都征服了，把人家的基因都改了。

宗教人士一定反对这个东西。然而进化论者会有一个非常有力的反问，如果坚持进化只是止于猿猴的2.0版，那叫做进化论吗？2.0版当然有可能进化到3.0版了，最终回到特别原始的问题，这个世界到底是神创还是进化。

生命科学与信息科学的融合
——人会不会飘到云上去？

所以美国宣布给基因打上水印这个时点极具象征意义。过去基因是可以改造的。现在的问题是基因给刺激活了，开始细胞分裂，这是一个活体的特征。本来是一个死的东西，突然给它某个动力它活起来了。从大的趋势看我感觉有这个基本面，生命科学和信息科学正在融为一体，硅和碳正在融为一体，人体是由5%的碳和95%的水构成。生命科学的本质就是录制播放的过程，信息技术也是录制和播放的技术。这两个技术一旦合流可能产生什么样的后果我们还想象不到，是不是人真的会飘到云上去？

人的分解传送问题在信息科学领域被当做一个正经事情来研究，比如能不能通过电话线把人传到另外一头去。远程传人。只要把人分解得足够，那边按95%的水加一份碳迅速按你的基因组合起来，就怕中间突然断线不知道存到哪儿去了。就像相声里说的顺着电筒的光柱爬上去，爬到中间断电摔下来了，这种可能不是不存在。

灵魂与肉体的问题今天是否要作为灵魂与网络的问题重新考虑？

《比特之城》有一个很有意思的说法，灵魂与肉体的问题在今天是不是要作为灵魂与网络的问题重新加以考虑。

云之义

还可能出现更怪异的问题，人有没有真正成为云的可能？人只能附着一个个体，但人有多重自我，可能像水一样分布到一堆物体里去，从科幻角度讲不是不可能。

云会穿透自然达到道吗？

假定人的基因都可以换，人具有良好的基因，也有有缺陷的基因，如果全部是完美基因那你就是上帝。如果有不完美的基因会导致什么情况？如果基因真的换了，肯定是有钱人先换，有钱人变得更完美了。然后满街走的是200多岁的上帝。没钱人沦为古希腊那个时代的奴隶，亚里士多德认为人养奴隶是完全正常的。希腊民主制建立在男性作为有一定经济地位的公民能够决定城邦事务，女人、外来人、奴隶是参与不了的。亚里士多德说只有有公民资格的这些人才能更好地思考。最终变成一个不平等的社会，改变不了自己基因的人沦为奴仆，改造自己基因的人就成为主人。

但是这里边有两个问题，比如知识可以制造，道德能制造吗？道德涉及的是情感的问题，和创造力还不一样，人的情感能不能编码就不好说。上帝可能超越道德，人才有道德，上帝是没有道德的，他所有的作为都是对的，就看他复制到哪个层面。

否则解决不了一个问题，上帝既然那么好为什么要在世界上制造恶呢？大家都善世界不就挺好吗，为什么恶永远存在？而且作恶的都是上帝的子民，一群子民把另一群子民杀得血流成河。

但丁在神曲里讲天堂里也有竞争的，撒旦也不是天生就坏，是为了争夺天使长落选就捣乱，去诱惑人类。我们想象的人是一个人，如果一群人在天上密密麻麻的……天堂就是云计算，大家腾云驾雾在天上飞。这时候可能不是一个人，是一群人，有的代表善，有的代表恶。

天堂是云计算，我联想到东方文化，所谓的云之道是不是一种道，道是不是一种最高的计算呢？

我们的文化当中没有天堂概念，天堂概念是典型的基督教概念。

意义的丧失

道是天人合一的，它要穿透人与自然的界限，天堂只是人的事，没有自然的事。

所以我们探讨一个终极问题，云有没有可能穿透自然达到道，这是东方的概念，西方不承认自然的概念，自然只是一种工具而已。东方认同仙，西方认同神，神和仙是两个完全不同的物种。仙的特点是天人一体，有自然特征，半人半自然；而神绝对是人的复制，集中了人的特点的copy，跟自然没关系。

换句话说，云计算会不会导致人成仙的问题，它和自然互相弥补缺陷的问题。自然有什么好处，有长寿的好处，痛苦感少，比如石头没什么痛苦，人却非常痛苦。按照佛教的说法人有痴、贪等缺点，这些缺点有没有可能克服？这个东西将来有没有可能编码？现在能看清楚的是死记硬背的知识绝对可以编码，剩下的是把碳计算植入大脑还是把硅计算植入大脑。现在的问题是芯片植入大脑以后排异反应非常大，只能外部埋芯片，现在很多生物芯片都是硅芯片，最大的缺点是跟碳不兼容。但碳本身成了芯片就不一样了，完全是基因了，跟人体兼容了。植物也应该有基因，如果都能够串的话，人和自然就成为一体了，这个问题就变成一个相当严肃的问题了，不是科幻。这个地球将来从某种意义上要毁灭，我们知道信号可以发往外星球，我们现在在想的是把人运到外星球，那恐怕非常费力费时。把人拆了转换成信号，把人最细小的东西比如灵魂和动因装在一个盒子里，剩下的到外星球去找，外星球是硅组成的人就变成硅了，外星球是碳就还原成碳了，用这种方式都是有可能的。那人就成仙了，就超越了人的自然寿命。

云计算与整体论和还原论

刚才说到神创论和进化论，还有一个哲学思维，到底是用还原论的思维还是整体论的思维思考世界。东方人比较喜欢用整体论。东方人看待一切东西都是模模糊糊、混混沌沌、朦朦胧胧。中医是典型的整体论，中医始终是看整体怎么样，不像西医那样。西方是典型的还原论，还原论遇到生命问题的时候就会有一种思维，生命能不能够还原为一堆原子，一堆无生命原子组合起来怎么就有了生命。刚才说到研究心理，心理学家会汲汲于研究出心理能不能最终还原成一系列神经元的运动。西方的自然科学家对这种问题抱有浓厚兴趣，因为他们的科学哲学的基础就是还原论。

云之义

杜甫与字典的区别·贝多芬与音符的区别

破解多个部分组成一个整体，怎么在一刹那之间具有了所有部分不具有的性质？从东方来说，如果还原成一堆没有意义的原子，东方的看法认为这很有问题，非常不靠谱。它的可笑程度有点像什么呢？贝多芬的交响乐曲当然可以还原为一个一个音符，也可以把杜甫的诗还原为一个一个汉字。贝多芬和杜甫的伟大在于怎么把乐曲和词组合起来。这是杜甫和字典的区别，或者说贝多芬与音符的区别。

整体论的思维更符合云的特点

东方人会觉得最重要的是弄清楚整体，任何还原论的东西解释不了世界。我倒不是说东方文明优越，我从来不认为东方文明优越，但整体论的思维更符合云的特点。

按西方思路有可能造成一个危险，把人拆完了以后把杜甫拆成字典了，他误以为字典就是杜甫，回去排列组合的时候不知道怎么组合了，把魂丢了。

这里涉及人工智能非常具体的问题，人的活力和组架，整体论连接的部分和零件原子的部分是什么关系，有没有可能在组装过程中通过激发产生了活力。从给人造基因打水印这个事件里，最令人震惊的是用原子论方法排列组合过程中激发出来的，就像原子和原子碰撞、电子和电子碰撞的时候，虽然不清楚生命是怎么回事儿，但通过互相激发自然产生了，这时候活了。活了是最难的东西。他们做到这一点并不是把握了活的东西，而是先把握了分解的东西。这就涉及很多争论，都知道计算机是机械运算，不会有主动创造性。如果将来进一步发展更细了以后，在互相碰撞过程中会不会在某个瞬间突然活了。

我看到一个芭蕾舞剧叫《葛培莉亚》。男主人公有这种幻想，想让木偶变活。他找了很多中世纪的巫术和方剂，最后想把木偶变活。人形非常完美了，葛培莉亚是一个女孩子，最后把男主角迷住了，从外观上无从分辨是真是假，但不会动，动这一下不靠科学实现，靠神秘的力量激活。那激活的一下成为西方科学难以逾越的障碍。但这个障碍是不是真的障碍现在不知道。本来基因是孤立的原子，现在在组合过程中突然把生命激发出来了，这个东西将来会是什么前景就不好说了。

意义的丧失

所以西方人在挑战上帝的权威。西方大多数人是信奉上帝的，又在挑战上帝，这本身是比较矛盾的。

中世纪主张的是什么呢？一切事情人都可以代理，唯一做不了的是第一动因，一切组合好了让它动的那一下做不到。现在人的生命突破这一点，这是一件非常严重的事情。奥巴马下令要评估这个事，从伦理、商业、安全的角度评估这件事，别因为这件事最后把全人类弄串种了。就像当年评估多莉一样。

多莉只是嫁接而已，这个是造出来了。这是第一步，最难的一步突破了，单细胞出来以后将来细胞繁殖过程中智能慢慢出来。

最难的这一步实现以后，人最后能不能创造出猿猴3.0版？

对世界三的畅想

这问到人能不能成仙的问题，仙的特征是长命百岁。本质是什么呢？仙的本质是能够跨越人和自然两界，这是西方没有的意识，只有东方有这个意识。跨人和自然两界是为了长生，仔细一看底层是信息，信息恰恰是跨人和自然两界的，自然也有信息，人有信息，但自然没有心理，只有人有心理。信息和心理是两回事儿，人一死就再也不会存在心理了，只有当初心理留下的文字痕迹，但不等于心理本身，人一死心理活动全部停止。

但人死以后信息还保留着，只是转化形式了，信息的排列组合实际上是穿越的。所以我们说找到了世界三这种信息世界，我认为波普尔非常伟大。他发现信息和思想是两码事，信息和心理更是两码事，就取决于它是否依附人。美国在人造基因上打水印这个事件的重要性在哪儿呢？今天通过基因重组，通过人工设计的基因把信息科技和生命科技融为一体创造了生命。创造生命在以前是上帝实现的事情，今天人自己实现了，人自己把基因推动力解决了。下一步朝着什么方向繁殖？我认为最终的目标是向着人与自然融为一体的方向。这也许是几万年以后的事，但这个事以后就不再只是传统意义上的繁殖了。

云之义
想象一个人有无数的网络延伸物

其实也可以想象为一个人有无数的网络延伸物，有点像当年孙悟空拔一根毫毛变成千万个孙悟空，做基因复制了。有很多的延伸物，撒豆成兵。这时候不能轻易对未来下一个好和坏的结论，好和坏的几率是一半一半。

有一本书叫做《自私的基因》，意思是说基因都是自私的，它要为自己的生存而奋斗，争夺资源。癌细胞本身就是这样的。在短时间内大量复制。它考虑它自己的利益。它宁可自己发展起来了之后把你给灭掉。

结束语 1

每个人都是一片云

胡 泳

2009中文网志年会的口号是"微动力，广天地"，旨在展望越来越细微的信息分享手段和管道，是如何促进社会进步与协作，并为我们的生活方式带来直接效应的。"一段媒母（meme），一张照片，或者一枚明信片，都可能带来积极的社会改变，更不用说有千千万万的可能性正在孕育中，带给我们一片广阔的思想天地。"

一个人分享了一个观点，更多人看到之后继续分享给其他人。通过这样不断地分享，就可以实现群体决定。这跟水滴聚集成云的过程相似——著名博客毛向辉把个体比做水滴，而当个体因为认同某个观点而不断分享时，他们就聚集起来，形成一股力量，一股甚至可以改变国家政策、社会秩序的力量。

我常常说，我们今天生活在一个小时代（借用郭敬明的书名），因为中国进入了"既然没有上帝，什么事都可以做"的无信仰状态。政治上没有参与权，生存压力越来越大，因为没有信仰导致的茫然和毫无罪恶感，这一切都让中国人一心一意、心安理得地去追求最大的物欲，别无他求。如果这一切要是在公正和法治的框架内还好一点，可实际并不是这样。实际是什么样子？小时代的根本标志之一，就是我们进入了平庸政治。我们北大法学院的教授王锡锌有个比喻，他说："现有的体制就像一个人，他的性格是非常拘谨的，不是害羞。拘谨的人也有可能是表面上看起来非常强有力的，装作很蛮横的。"

我们一次次期待变革，然而我们一次次失望。我们生活的这个小时代倒是自我复制的，正如郭敬明笔下的《小时代》分第一季和第N季。你费了半天劲看《小时代1.0

折纸时代》,看到最后,才得知这居然只是第一季,那么请问还需要出多少季?不要忘记郭敬明说过:"请不要放弃我,请看我漂亮的坚持。"

这样看来,我们有充分的理由为自己生在一个"小时代"里而感到悲哀了。并不然。小时代里有一个希望,因为这个时代一反常态,出现了大人物,这个大人物,不是英雄,不是圣人,不是领袖,不是舵手,而是一个个经由网络获得了表达权,并且一旦拥有这种权利,就开始学会越来越好地实施它的普通中国公民。这个大人物,就是每一个人,他们由水滴凝聚成云,一片片云又汇成云海,构建了推动中国社会向前的微动力。

在我看来,微动力不是别的,就是每个人承担责任。微,就是每一个普通的中国公民。动力,它指的不是别的,而是说,不论言语有千条万条,改变世界的其实还是行动。

微,也可以指日常化的微观政治。政治可以分为宏观政治和微观政治,宏观政治是结构性,微观政治是日常化的。微观制度的改变并不必然地在逻辑上可以推导出宏观结构的调整。但是,假如这些小单位能治理好,因为人民是生活在微观政治中的,我们也能够极大地提升人民的福祉。不论如何,在微观层面上如果我们身边这些事情没有管好,就算你有一个宏观的治理结构,比如说宏观的民主,基层的治理其实还是要靠自己。在这个意义上,我们不需要"大革命"而需要"微革命",由"微信息"和"微交流"共同推动的"微革命"。

匈牙利作家康诺德1982年写过一本书叫做《反政治》,其中包含了许多被后来的人们追踪的议题。例如,哈维尔经常用的概念有"反政治的政治"和"无权者的权力"、"公民的首创精神"等。哈维尔的翻译者崔卫平认为,"反政治的政治"不去追逐政治权力,相反,它提倡在日常生活的领域中随时随地展开工作。其实,这也说的就是如何从身边的治理做起。我所理解的"公民的首创精神",就是任何人可以从任何地方开始。

微动力为什么重要?在过去,少数几个动力十足的人和几乎没有动力的大众一起行动,通常导致令人沮丧的结果。那些激情四射的人不明白为什么大众没有更多的关心,大众则不明白这些痴迷者为什么不能闭嘴。而今天,有高度积极性的那些人应致力于降低行动的门槛,让那些只介意一点的人能参与一点,而所有的努力汇总起来则将十分有力。

还需十分强调的是，微动力的精神实质，就是朱学勤先生多年前提出的"纵使十年不将军，亦无一日不拱卒"，容我引用朱先生《让人为难的罗素》中的一段话对此加以说明："中国人的习惯：不是去造反，就是受招安，要么揭竿而起，要么缩头作犬儒，独缺当中那种既不制造革命又不接受招安，耐心对峙，长期渐进的坚韧精神。"这样的精神，就是毫厘推进的精神：进步慢，不值得害怕，怕的是消极等待，或者是缩头做犬儒。

云时代，每个人都是一片云，你有你的力量。

结束语 2

就这么飘来飘去

姜奇平

刚拿到这本书的提纲时,第一感觉是发憷:这还是IT界谈论的那个云计算吗?直到对话结束后,我仍在要求加入从IT专业角度分析云计算的章节。不过,在审读完对话的速记稿后,我打消了这个想法。就这么飘来飘去吧。

《没有两片云是一样的》最初是范海燕提出的创意。是她,将胡泳和我拉到了一起。她希望我们以对话形式,用大众化的语言,谈谈什么是云计算。虽然题目是云计算,但云计算在全书中更像只是一个由头甚至隐喻,谈的不是技术层面的云,而是哲学意义上的云,是云对人生价值的潜在影响。

为什么要谈这个话题呢?这要从胡泳翻译的《数字化生存》说起。我一直把胡泳比做当代的严复。胡泳和严复的相似在于,都是在社会转型的关头,通过科普读物——严复是《天演论》,胡泳是《数字化生存》——发出了社会启蒙的先声。为什么要选科普读物而不选别的呢?这倒并非只会谈技术,而是一种启蒙策略。当人们思想普遍停留在上一种文明状态时,直接从社会角度启蒙,有相当难度;相反,在中国这样的社会,人们对技术的接受度要高得多,常有一呼百应的奇效。十多年前"数字论坛"成立时,大家已十分明确地商定了先从技术入手这样的启蒙策略。

今天,条件变了。互联网技术已成为人人离不开的东西。我身旁一个叫小宝的孩子,9岁起就开始从事电子商务;我亲眼看到一位80多岁的老大爷,成为优秀网商。谁要不用电脑、不会上网,谁就会显得像外星人,技术已成为不言而喻的东西。启蒙的重心,已具备条件随之而转,转向当初启蒙的初衷。这个初衷早有伏笔,就是"数字化生存"的生存本身。当年胡泳非要用原书名中没有的"生存"这两个字，任谁说也不改。胡泳跟我讲，意图就在这里。我写《21世纪网络生存术》，也有以术喻道的含义。数字化生存，不仅仅是表面上数字化这种技术层面的东西，而是 to be or no to be 这种生存层面的问题。变革，从技术开始，以人为归宿。启蒙，也将从技术这个出发地，转向人这个目的地。

这就是这本谈云计算的书，不再以IT为重心的理由。它谈的是人的问题。天变，道亦变。生产力这个"天"变了，人之"道"，也要发生变化。启蒙需要直指心性，直指道本身。

技术启蒙在使中国人大量涌向互联网的同时，也产生了一个当初意想不到的副作用。"数字论坛"当初以为，人们会由术自发地转向道，悟道的书会越来越多、越来越深。事实是，网络文化丛书、数字论坛丛书这类具有超越性思维的"务虚"的书几乎成了绝响。十多年来，在互联网财富刺激下，人们变得越来越浮躁。人们不再关注生存问题，而热切于技术和应用，急于发财致富。仿佛不谈用变谈体变，就是不务实。大有清代中学为体，西学为用之遗风。技术人员和商人当然要谈技术、谈应用，但思想界以数字化为用而不为体，就成了一种以务实面目出现的浮浅。过分"务实"的恶果已经出现。就拿云计算来说，明明是一种分布式计算的理念，但普遍被理解为一种高度集中统一的模式，这就有滑向用封建主义、极权主义的中学之"体"来搞数字化的危险。事实证明，只顾拉车，不抬头看道，数字化无助于生存问题的解决。我最担心的情况是，我们实现了数字化，但仍没有解决生存的问题。

从这个意义上说，《没有两片云是一样的》，中心话题就是探讨be的问题，探讨如何生存，云计算是最新的数字化潮流，但这回不叫"云计算生存"，而叫"没有两片云是一样的"，主旨就是回到人本身。

从人本身看数字化——今天是以云计算为代表的数字化——会有什么不同？掩卷之际，我在想，物质、能量和信息这三种文明（农业文明、工业文明和信息文明）的基础，跟人本身是什么关系。

工业化生存，建立在物质与能量转化基础之上；数字化生存，建立在能量与信息转化的基础之上。这两种转化，很可能是一个熵的互逆过程：一个是做功，一个是耗散（consumation，庄子称为"无功"）。从人本身的生存状态讲，能量化是离家越来越远的过程，在这个过程中，一切分散的东西都集中化了；信息化是回家的过程，在这个过程中，一切坚固的东西都烟消云散了。

于是有云计算，它是烟消云散的生产力基础。于是没有两片云是一样的，每个人都是不同的。不要再幻想极权，那个时代正在过去。